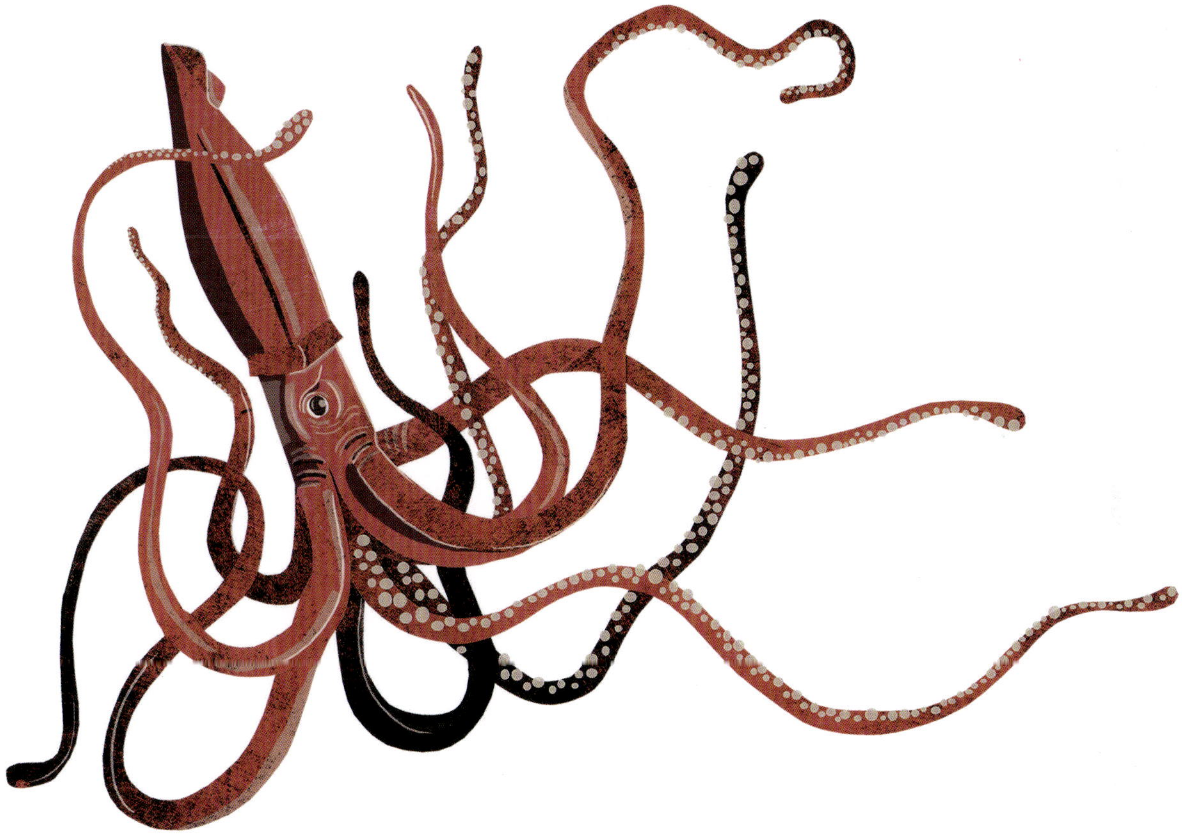

图书在版编目（CIP）数据

不可思议的大自然剖面图. 神奇海洋 /（英）亚历克斯·伍尔夫著；（英）伊索贝尔·伦迪绘；蔡维译. -- 北京：中信出版社，2023.4

书名原文：All the Way Down: Ocean

ISBN 978-7-5217-5298-4

Ⅰ. ①不… Ⅱ. ①亚… ②伊… ③蔡… Ⅲ. ①科学知识－儿童读物②海洋－儿童读物 Ⅳ. ① Z228.1 ② P7-49

中国国家版本馆 CIP 数据核字 (2023) 第 023553 号

不可思议的大自然剖面图：神奇海洋

著　　者：［英］亚历克斯·伍尔夫
绘　　者：［英］伊索贝尔·伦迪
译　　者：蔡维
出版发行：中信出版集团股份有限公司
（北京市朝阳区东三环北路 27 号嘉铭中心邮编 100020）
承 印 者：北京尚唐印刷包装有限公司

开　　本：889mm × 1194mm　1/12　　印　　张：5　　字　　数：100 千字
版　　次：2023 年 4 月第 1 版　　印　　次：2023 年 4 月第 1 次印刷
京权图字：01-2022-3896　　审 图 号：GS 京（2022）0165 号（本书地图系原书插附地图）
书　　号：ISBN 978-7-5217-5298-4
定　　价：39.80 元

出　　品：中信儿童书店
图书策划：火麒麟
策划编辑：范萍
执行策划编辑：郭雅亭
责任编辑：谢媛媛
营销编辑：杨扬
封面设计：谢佳静
内文排版：柒拾叁号工作室

不可思议的

大自然剖面图

神奇海洋

[英]亚历克斯·伍尔夫 著
[英]伊索贝尔·伦迪 绘
蔡维 译

中信出版集团｜北京

目录

为什么我们的海洋这么重要呢？

1. 我们人类吸入的氧气有一半以上来源于海洋！这些氧气大部分是由浮游植物产生的，浮游植物是一种微小的海洋生物，生活在海洋表层。

2. 化石燃料燃烧时，排出二氧化碳，其中，1/4 的二氧化碳被海洋吸收。要是没有海洋的调节作用，全球变暖将更加严重。

3. 海洋将热量从赤道传递到南极和北极，从而调节了全球的气候。

4. 海洋是一个多样化的生态系统，里面栖息着大约 23 万种已知物种。目前，海洋大部分区域仍然没有被充分探索，还有众多生物等待你去发现！

简介

地球上的海洋通常分为四大洋：太平洋、大西洋、印度洋和北冰洋。它们约覆盖了地球表面 71% 的区域，面积约 3.6 亿平方千米。但是，海洋的深处是什么样子呢？我们了解的并不多。事实上，我们对海底的了解甚至还不如我们对火星表面的了解。

海洋分层

科学家按深度将海洋分为五层。最靠近海洋表面的是真光层，下面是暮光层，接下来是午夜层，然后是海渊，最下面的是海沟。每一层的自然条件不同，比如，光照情况不同，水温高低不一，水压大小各异，动物的食物来源也不一样。正是因为这些差异，在不同层生活的生物形成了各自鲜明的特征。

阅读指南

翻开这本书，开启一趟精彩的海洋探秘之旅，从海洋表层到底部，去探索海洋每一层的奥秘吧！去发现生活在各个区域的奇妙动物，了解它们是怎么在特定的环境下生存的。

0米
1000米
2000米
3000米
4000米
5000米
6000米
7000米
8000米
9000米
10000米
11000米
暮光层
200～1000 米
只有 1%的阳光能照射到暮光层的顶部。
午夜层
1000～4000 米
太阳光线无法穿透午夜层，这里为数不多的可见光都是那些发光生物产生的。
海渊
4000～6000 米
海渊是地球上面积最大的生态环境，占海洋总面积的 83%，覆盖面积达 3 亿平方千米，约等于地球表面总面积的 60%。海渊在地球上不同的地方划分的深度不同，大约从海面下 2000～4000 米开始，到海面下 6000 米为止。
海沟
6000～11000 米
海沟位于海渊之下，是最深的海洋栖息地。

真光层的海水暖和，水压很低，食物充足，物种繁多。虽然从体积上说，真光层是所有海洋分层中最小的，但是，多达 90% 的海洋生物生活在这一区域。这里的物种极其丰富，既生活着像鲸鱼这样的庞然大物，又漂浮着极其微小的浮游植物。不过，这里生物的分布并不均匀。例如，比起开阔海域中生物的数量，珊瑚礁中生活的生物数量要多一些，因为珊瑚礁提供了非常丰富的食物来源。

第一章：真光层

什么是真光层？

真光层（也称为透光层）是海洋的最上层，覆盖了海洋表面及之下 200 米的区域。这一区域光线充足，海水暖和，水压低。植物的生长离不开光合作用，而海洋所有分层中，只有真光层能接收到光合作用所需的足量阳光，因此，植物只能在真光层中生存。

栖息地

真光层有许多不同的栖息地，每个栖息地的温度和深度不同，距离陆地的远近也不同。这些差异会影响在真光层生活的物种。在本章中，我们将一一探索这些神奇的栖息地，包括潮间带、河口、海藻森林、海草床、珊瑚礁和开阔海域。

潮间带

河口

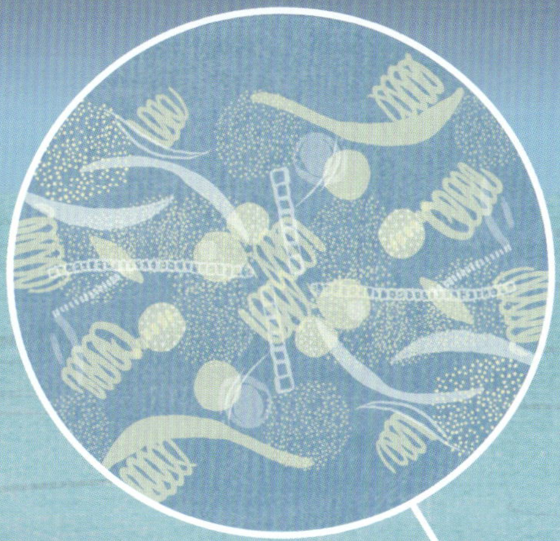

什么是光合作用？为什么海洋中的光合作用如此重要呢？

光合作用是发生在植物内部的化学过程。植物利用阳光，将空气中的二氧化碳和水转化为生长繁殖所需要的有机物以及氧气。因此，要进行光合作用，植物需要二氧化碳、水和阳光，而所有这些条件，真光层都能提供。

浮游植物

浮游植物位于海洋食物链的最底层，这种生物非常微小，我们的肉眼都难以分辨。浮游植物多是单细胞植物，真光层的浮游植物数量庞大，数以亿计。动物吃浮游植物，这些动物又被更大的动物捕食。因此，浮游植物为众多海洋生物的食物供给做出了重大贡献。

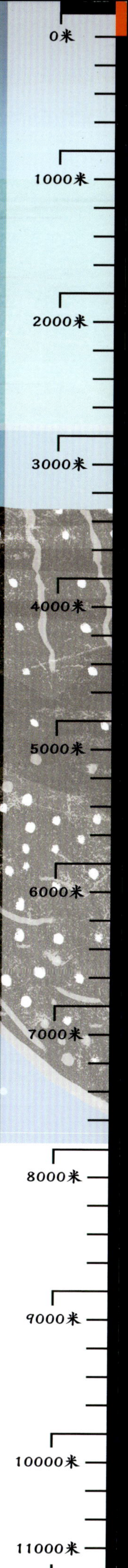

海藻森林

海草床

珊瑚礁

开阔海域

1. 赭色海星
直径：15～35 厘米
活动深度：0～90 米
2. 贻贝
体长：5～10 厘米
活动深度：0～2800 米
3. 寄居蟹
体长：约 10 厘米
活动深度：0～200 米

潮间带

潮间带是一片海岸区域，涨潮时在水下，退潮时才显露出来。因此，潮间带的动物既要学会在海水中生活，又要适应在空气中和阳光下生存，还要承受汹涌的海浪的拍打。不过，这些动物们经过不断进化，早已适应了这样严酷的生存条件。

---

1 赭色海星 潮水退去后，赭色海星就直接暴露在空气中，此时它们依然能够存活，最长可达 8 小时。赭色海星以贻贝、螺和藤壶为食，被称为基石物种，因为这种动物能影响许多其他物种，有助于维持潮间带的生物多样性。

2 贻贝 贻贝生活在潮间带的狭窄地带。如果距大海太远，贻贝无法获得足够的食物；如果距大海太近，它们又很容易成为海星的猎物。因此，位于海岸区域的潮间带成了贻贝理想的住所。为了不被太阳活活晒死，贻贝成群聚集生长——密密麻麻地挤在一起，尽量不让阳光透射进来。

3 寄居蟹 寄居蟹总是顶着一个原本不属于它们的壳，例如海螺的壳，这些壳是软体动物被其他生物吃掉后剩下的。寄居蟹居住的壳用处还不少，既能用来存水，退潮时还能为寄居蟹遮挡阳光。

4 藤壶 藤壶紧紧地吸在海边岩石上，即使大浪来袭，它们也不会被卷走。退潮时，它们会把外壳闭上，防止身上的水分被太阳晒干。藤壶的外壳非常坚硬，能帮助它们躲过天敌。

5 玉黍（shǔ）螺 退潮时，玉黍螺会分泌出一种黏液，将壳里面的水分锁住，防止身体变干。这层黏液还能让玉黍螺紧紧地附着在岩石上，任凭汹涌的海浪冲刷，也无法卷走它们。

6 蓝斑条尾魟（hóng） 夜间，潮汐上升之时，蓝斑条尾魟成群聚集，游到潮间带的沙滩上觅食。它们钻进沙中，寻找软体动物、蠕虫、虾和蟹为食。

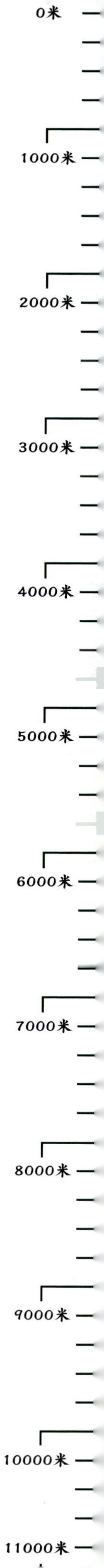

1. 大蓝鹭
体长：约 1.3 米
活动深度：0～0.5 米
2. 拟鳄龟
外壳长度：25～46 厘米
活动深度：0～1 米
3. 港海豹
体长：1.2～1.85 米
活动深度：0～500 米
4. 鲑鱼
体长：36～46 厘米
活动深度：0～118 米

河口

河口位于海岸区域，是河流汇入大海的地方，也就是淡水和海水混合的区域，因此，这里的水叫作咸淡水。河口有着得天独厚的自然条件，这里风浪较小，非常适合海洋动物哺育后代。每天的潮涨潮落和丰富的植物资源，为生活在那里的动物提供了食物来源。河口的动物种类繁多，既有极其微小的浮游生物，又有鲸这样的庞然大物。

---

1 **大蓝鹭** 这种鸟体形大，腿细长，生活在河口的沼泽和滩涂附近，以鱼、虾、螃蟹、水生昆虫、小型哺乳动物和鸟类为食。大蓝鹭站在浅水区，慢慢涉水，寻找捕食的目标。攻击猎物时，它们用长而锋利的喙刺穿对方的身体。

2 **拟鳄龟** 池塘、溪流和河口都能发现这种龟的身影。它们经常趴在泥泞的水底，只露出头部。拟鳄龟的食物包括植物、小鱼、青蛙、爬行动物和鸟类。

3 **港海豹** 河口附近经常能发现港海豹的身影，它们成群聚集，寻找猎物——鲑鱼、鲈鱼、鲱鱼和鳕鱼等。港海豹生命中大约一半的时间是在陆地上度过的。港海豹在陆地上的住所在岩石区和沙洲之上，位于它们的觅食地附近。

4 **鲑鱼** 鲑鱼在河流中出生，但一段时间后，它们会游入海洋。在鲑鱼的生命周期中，河口起着至关重要的作用。为了适应海水的咸度，鲑鱼需要在河口的咸水中生活一段时间（一年或更久），做好充分的准备。而在生命即将结束之际，鲑鱼会重回河口，洄游到河流上游去产卵。

5 **蜻蜓** 在河口，蜻蜓这种昆虫非常常见。蜻蜓幼虫在水下生活，以蝌蚪和鱼卵为食。成年的蜻蜓在飞行时捕食，许多水生昆虫是它们的食物。

6 **星斑川鲽** 星斑川鲽在河口产卵。它们无法在咸度很高的海水中生存，因此，一生都在河口的咸淡水环境中度过，只是偶尔往上游，到淡水区探险。它们会改变自己的颜色，让身体与水底的泥沙融为一体，不被天敌发现，这是它们自我防御的妙招。

0米
1000米
2000米
3000米
4000米
5000米
6000米
7000米
8000米
9000米
10000米
11000米

1. 海獭
体长：1.2～1.5 米
活动深度：0～90 米
2. 紫海胆
外壳直径：可达 10 厘米
活动深度：0～160 米
3. 巨型海藻鱼
体长：可达 61 厘米
活动深度：0～40 米

海藻森林

海藻森林生长在寒冷而清澈的沿海浅水中，主要分布在布满岩石群的海岸线，例如北美的太平洋海岸。暴风雨来袭之时，许多动物把海藻森林当作庇护所。海藻森林还为动物提供了哺育后代和躲避大型食肉动物的安全空间。

---

1 **海獭（tǎ）** 海獭吃紫海胆。由于紫海胆是海藻森林的主要威胁，因此海獭的存在有助于保护这片栖息地。海獭很聪明，睡觉时会用海藻的茎把身体缠住，这样它们就不会被海浪卷入海洋深处。

2 **紫海胆** 紫海胆生活在太平洋东部边缘的海藻森林中，海藻是它们的主食。自 2014 年以来，由于气候变化，紫海胆快速繁衍，已经导致北美洲西部沿海的海藻森林大面积消失。

3 **巨型海藻鱼** 巨型海藻鱼生活在北美洲西海岸岩石区的海藻森林中，以小鱼、甲壳类动物和软体动物为食。这种鱼的身体细长，形状和海藻的叶片非常相似，这是一种很好的伪装。这种鱼的卵具有很强的黏性，能黏附在海藻上。

4 **巨藻** 巨藻是一种大型的褐色海藻。它的茎很长，而且非常坚硬。茎上长着宽阔的类似叶子的结构，人们称之为巨藻叶片。巨藻茎的底部长着像爪子一样的固着器，能紧紧地吸附在海底。它们的生长速度相当惊人，短短一天居然可以长半米。

5 **灰鲸** 灰鲸从下加利福尼亚半岛迁徙到阿拉斯加，在海藻森林中捕食各种小动物。海藻森林还是灰鲸的庇护所，小灰鲸经常在海藻森林中活动，在这里它们可以避开主要天敌——虎鲸的追杀。

6 **巨藻岩鱼** 巨藻岩鱼以海藻森林中的小鱼和甲壳类动物为食。它们大多于夜间捕食，白天巨藻岩鱼通常栖息在巨藻叶片上，有时则会藏在叶片下面。

1. 海牛
体长：2.8～3 米
活动深度：0～10 米
2. 十字水母
体长：约 2 厘米
活动深度：0～21 米
3. 海藻章鱼
腕足长度：约 25 厘米
活动深度：0～1 米

海草床

世界各地的近岸海域都可以发现海草。海草和陆地上的植物一样，由根、茎和叶组成。海草种类繁多，大约有 72 种。海草在海底繁茂生长，形成一片郁郁葱葱的水下草原，称为海草床。有些海草床的面积非常巨大，从太空中都能看得到。海草床是许多动物的栖息地，也是它们的食物来源。

---

1 **海牛** 海牛非常适应海草床的栖息环境。这种动物在浅水区吃草，它们依靠鳍状肢缓缓爬行。进食时，海牛会用鳍状肢把海草挖出来，送到嘴边。海牛嘴唇上的肌肉特别发达，能轻松咬住海草，一口碾碎。

2 **十字水母** 十字水母无法像有些水母那样在海水中自由游弋，它们只能终生附着在岩石或海草上生活。十字水母的形状像伞，身上长着八条带刺的触须，朝上伸展着，伺机攻击附近经过的猎物。

3 **海藻章鱼** 海藻章鱼生活在海草床附近，在海底的泥沙中筑巢，以小螃蟹为食。这种章鱼善于伪装，为了逃避天敌的抓捕，它们会把自己伪装成身上爬满海藻的贝壳。

4 **海绵** 海绵固着在海草的叶片上生活。海绵释放氮气——海草生长所需要的养分。海绵也是在海草床觅食的各种鱼类（甚至包括鲨鱼）和海龟的主要食物。

5 **绿海龟** 成年绿海龟一生大部分时间都在海草床上吃草。绿海龟堪称海底割草机，是维持海底草地生长的好帮手。进食时，它们张开锯齿状的嘴，锯掉海草叶尖的部分，但不会破坏草根，这样海草能更好地生长。

6 **虾** 有些虾不仅吃海草，还会用海草作建筑材料。印度尼西亚的海蛄虾会将海草的叶子从茎上撕下来，切成碎片后，用来铺设它们的地下洞穴。

1. 毕加索扳机鱼
体长：25～30 厘米
活动深度：0～50 米
2. 白顶礁鲨
体长：可达 1.5 米
活动深度：0～330 米
3. 拿破仑濑鱼
体长：可达 2 米
活动深度：0～61 米
4. 鹰嘴海龟
体长：71～89 厘米
活动深度：0～175 米
5. 小丑鱼
体长：可达 11 厘米
活动深度：0～12 米

珊瑚礁

珊瑚礁只占不到 1% 的海洋面积，但是大约 25% 的海洋物种在珊瑚礁上生活！珊瑚礁由一层层坚硬的物质组成，这种物质叫碳酸钙，是一种叫珊瑚虫的微小动物生长时分泌的。珊瑚礁上生活的动物种类极其丰富，包括海绵、甲壳动物、软体动物、鱼类、龟类、海豚等。

---

❶ **毕加索扳机鱼**　这种鱼生活在珊瑚礁的沙地上，以鱿鱼、磷虾、蛤蜊和小鱼为食。它们总是不断游来游去，如果发现入侵者，它们会发动猛烈攻击，捍卫领地。到了晚上，它们会钻进岩礁缝隙中，侧着身子睡觉。

❷ **白顶礁鲨**　白顶礁鲨潜伏在珊瑚礁附近，伺机捕食鱼类、章鱼和螃蟹。这种鲨鱼身体纤细，动作敏捷，甚至可以挤进礁石狭窄的缝隙，捕食躲在里面的猎物。它们主要在夜间觅食，有时还会团队合作，围堵躲在礁石缝中的猎物。

❸ **拿破仑濑（lài）鱼**　拿破仑濑鱼是生活在珊瑚礁中体形最大的鱼之一。白天，它们巡游于礁石之间，以软体动物、岩礁鱼类、海胆和甲壳动物为食，晚上在礁石洞穴或珊瑚岩架下栖息。

❹ **鹰嘴海龟**　鹰嘴海龟主要生活在热带珊瑚礁中。它们以海绵为食，进食时，用尖尖窄窄的“鹰嘴”把海绵从礁石缝隙中叼出来。鹰嘴海龟吃掉海绵后，礁石的缝隙会变大一些，岩礁小鱼就能更自在地在礁石中穿行捕食了。

❺ **小丑鱼**　小丑鱼在海葵长满毒刺的触手中筑巢安家。小丑鱼生来就不惧怕海葵的毒刺，并且因为海葵的保护，小丑鱼能免受天敌的攻击。作为回报，小丑鱼会清除海葵的坏死组织及寄生虫，使海葵保持健康和清洁。

❻ **狮子鱼**　狮子鱼攻击性很强，捕食体形比它们小的鱼。如果狮子鱼繁殖过快，将会损害珊瑚礁的生态环境。这是为什么呢？因为狮子鱼的猎物是吃藻类的小鱼，一旦小鱼被狮子鱼大量捕食，藻类就会失去控制，野蛮生长，这将损害珊瑚礁的生长环境。

1. 飞鱼
体长：可达 46 厘米
活动深度：0～200 米
3. 鲸鲨
体长：5.5～10 米
活动深度：0～1800 米
2. 剑鱼
体长：可达 3 米
活动深度：0～550 米

开阔海域

毫无疑问，开阔海域是真光层中面积最大的栖息地。开阔海域是指远离海岸的开阔海洋区域，从南北两极一直延伸到热带地区。生活在这片区域的生物一生都被水包围。有一些动物，例如浮游动物，总是在海洋中随波逐流，漂移不定。还有一些动物，比如鲸鱼、海豚和鲨鱼，则是长距离游泳的好手。

---

1 **飞鱼** 在开阔海域生活的飞鱼已经进化出了一种独特的逃避天敌的方式——它们张开像翅膀一样的宽宽的胸鳍，在海浪之上滑翔，逃避天敌。大多数情况下，它们的飞行距离约为 50 米，赶上顺风的时候，它们甚至可以飞行 400 米的距离。

2 **剑鱼** 和其他在开阔海域生活的鱼类一样，剑鱼也是游泳健将，它们具有流线型的身体，能长距离游泳。夏季，剑鱼迁徙到较冷的地区觅食。捕食的时候，它们用锋利的“剑”（它们的吻）向猎物发动猛攻，动作非常迅猛。

3 **鲸鲨** 鲸鲨是世界上最大的鱼类，但它们性情温和，通常吃浮游生物和小鱼。鲸鲨是滤食动物，它们张开巨嘴吸水，闭上嘴巴，然后用鳃把水排出，猎物便留在了嘴里。鲸鲨生活在开阔海域的温水区。

4 **宽吻海豚** 这种海豚生活在开阔的海域，喜群居，捕食时成群出动，防御天敌时也是集体应对。宽吻海豚通过回声定位寻找猎物。附近有食物或者有危险时，它们会发出尖锐的哨声和吱吱声，提醒群体成员。

5 **夜光游水母** 夜光游水母俗称紫水母，它们与大多数水母不同，并不会像那些底栖型水母那样把底部依附在珊瑚虫上，伸出触手捕食周围的浮游生物，而是一生都在海中游弋。由于深海中养分贫乏，因此遇到任何微生物，紫水母都不会放过。

6 **大白鲨** 每年，大白鲨不远千里穿越太平洋，前往觅食地，它们迁徙的距离可达 4000 千米。在这些史诗般的迁徙之旅中，它们依靠储存在肝脏中的油作为能量来源。这些油能增加大白鲨在水中的浮力，每次旅程结束时，由于肝脏中的油被大量消耗，大白鲨在水中的浮力变小，动作会显得笨拙一些。

第二章：

暮光层和午夜层

什么是暮光层？

暮光层（也称为海洋中层）位于真光层正下方，活动深度为 200～1000 米。这一层之所以叫作暮光层，是因为它的日照水平极低。只有 1%的阳光到达暮光层的顶部，并且几乎没有一丝光线能穿透暮光层，到达其底部。

自然条件

暮光层不仅非常黑暗，温度也很低。最高温在 20℃，而最低温只有 4℃左右。由于水越深，压力越大（压力来源于上方水体的重量），暮光层顶部的水压大约是海洋表面压强的 20 倍，而暮光层底部的水压是海洋表面压强的 100 倍以上！

生命

你可能会认为，在这样极端的条件下，暮光层中可能不会存在太多的生命。但事实上，暮光层中一片生机勃勃。而这里所有的生物都面临着一项共同的挑战——食物缺乏。因为光线太少，无法进行光合作用，所以一般植物无法生长。因此，栖息在暮光层的动物食物来源不多，它们要么吃上方沉落下来的有机物，要么学到新本领，比如迁徙。

高水压之下

暮光层的生物已经过不断进化，适应了在高水压下生活，比如，它们的体内不能长出可以充气的器官，例如肺或鱼鳔。此外，它们的肉往往很软，像果冻一样，并且几乎不长骨头。

在暮光层发现的动物有水母、海参、虾、鱿鱼、海绵和一些模样奇特的鱼。接下来让我们探一探它们的真面目吧。

迁徙

暮光层动物还有一种觅食的选择，那就是往上游，游到食物丰富的真光层寻找机会。事实的确如此，每天晚上，数以十亿计的暮光层动物向上游到海洋表层，在夜幕的笼罩下捕食，但是一到黎明时分，出于安全考虑，它们必须马上返回到较深水域，否则它们自己可能成为真光层捕食者的猎物。暮光层动物的迁徙，是地球上最大规模的动物迁徙。

1. 大眼金枪鱼
体长：可达 2.5 米
活动深度：0～500 米
2. 齿口鱼
体长：可达 18.5 厘米
活动深度：200～1000 米
3. 抹香鲸
体长：可达 12 米（雌性）
活动深度：0～1000 米
4. 管眼鱼
体长：可达 20 厘米
活动深度：400～2500 米

暮光层的捕食者

为了寻找猎物，有些真光层的食肉动物会下潜到暮光层。它们的身体经过进化，已经非常适应在暮光层巨大的水压中活动了。当然，暮光层不仅仅有来自上层的“访客”，也有一些食肉动物永久生活在这片黑暗的海域。这些食肉动物的眼睛总是朝上看，希望借着海洋表层透射下来的微弱光线，分辨出猎物的轮廓。

---

❶ **大眼金枪鱼** 大眼金枪鱼特别适应在暮光层捕食。它们的身体可以承受低氧的环境，在低温下也能保持体温。这种动物的眼睛很大，在弱光条件下也拥有不错的视力。

❷ **齿口鱼** 这种鱼的眼睛是上突的，因此它们能在上方投射下来的微弱光线中寻找猎物。齿口鱼的颌很大，胃可以膨胀变大，所以它们会捕食比自己体形更大的猎物——也只有这样，它们才能在食物稀缺的暮光层生存下来。

❸ **抹香鲸** 抹香鲸可以下潜到海洋深处寻找猎物，比如大王乌贼。抹香鲸快速下潜时，由于外部水压迅速变大，它们会收缩胸部，肺部也随之缩小，心跳也会减慢下来，这样便减少了氧气的消耗。

❹ **管眼鱼** 这种鱼长着透明的脑袋和管状的眼睛，因此被形象地称为管眼鱼。它们的眼睛总是往上扫视，搜索猎物的身影，当然它们的眼珠也能向前旋转。管眼鱼以浮游动物和小型甲壳动物为食。

❺ **红刺须仿鲸** 红刺须仿鲸是一种海渊肉食鱼类，它们每晚都会往上潜到暮光层捕食小型甲壳动物。它们的眼睛很大，在黑暗的水域也有不错的视力。红刺须仿鲸的皮肤是鲜红色的，黑暗中大多数暮光层动物没法看见它们。

❻ **翻车鲀（tún）** 翻车鲀是世界上最大的硬骨鱼。这种鱼没长尾鳍，体形很奇特，看上去几乎是椭圆扁平状的。翻车鲀在寒冷的暮光层猎食水母、小鱼和甲壳动物；进食完毕后，它们游回水面晒太阳，让身体变暖。

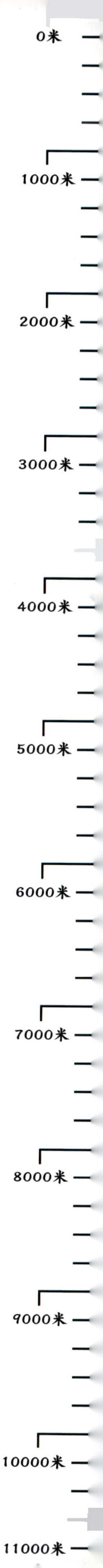

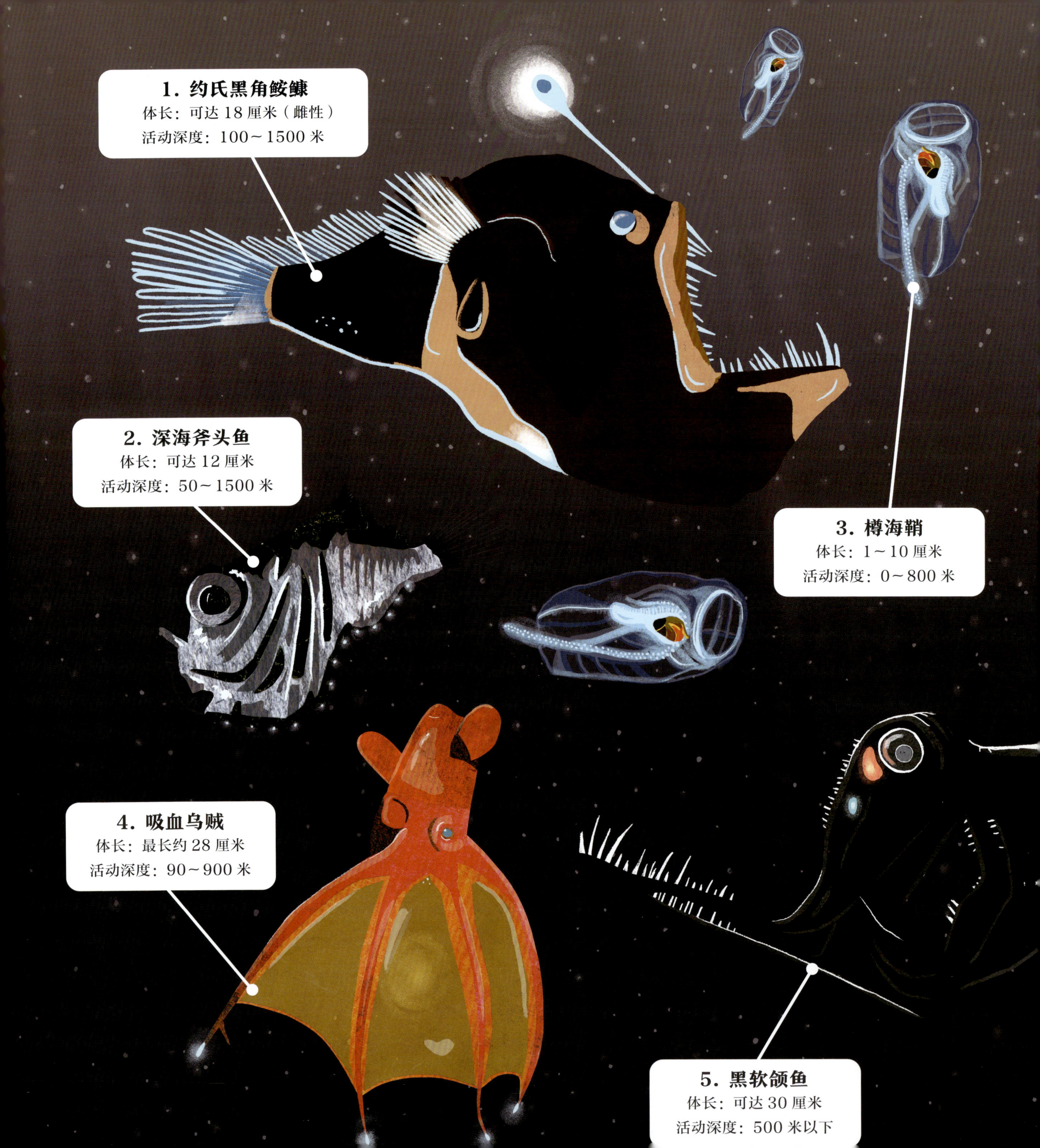

1. 约氏黑角鮟鱇
体长：可达 18 厘米（雌性）
活动深度：100～1500 米
2. 深海斧头鱼
体长：可达 12 厘米
活动深度：50～1500 米
3. 樽海鞘
体长：1～10 厘米
活动深度：0～800 米
4. 吸血乌贼
体长：最长约 28 厘米
活动深度：90～900 米
5. 黑软颌鱼
体长：可达 30 厘米
活动深度：500 米以下

黑暗中的发光动物

黑暗的暮光层中并不是完全没有光的存在。许多生活在这里的动物自身能发光，这种神奇的行为叫作生物发光。有些鱼类的腹部能发光，它们发出的光和上方真光层透下来的光融为一体，天敌从下面往上看时，很难分辨出它们的轮廓。还有一些食肉动物也会发光，这是它们吸引猎物的手段。

---

1 约氏黑角鮟鱇 约氏黑角鮟鱇长着一张巨嘴，里面长满了锋利的牙齿。巨嘴的上方伸出一根细细长长的鳍棘，就像身体上长出了一根钓鱼竿。“钓鱼竿”的顶端有一个肉质的小球，其中生活着共生的发光细菌，一闪一闪地能吸引小鱼和其他猎物的注意。

2 深海斧头鱼 这种鱼的腹部长着一排排发光器，能发出淡蓝色的光。斧头鱼还会调整光的亮度，使自己发出的光与背景光（上方真光层透下来的光）相匹配，从而达到隐蔽的目的——天敌从下面往上看时，很难发现它们。

3 樽海鞘（qiào） 它们是一种半透明的胶状生物，身体呈桶形。夜间，它们会上游到海洋表面，进食浮游植物。有时，它们会集体活动，一个接着一个，形成一条长长的链。同一个链中的樽海鞘利用生物发光和伙伴交流。此外，它们还利用发光诱捕猎物和吸引配偶。

4 吸血乌贼 它们是一种发光的生物，几乎全身都覆盖着发光器官。它们能持续闪光，甚至长达十分钟，这是它们迷惑天敌的绝招。虽然这种动物的名字中有“吸血”两个字，但它们并不吸血，而是以“海洋雪”（海洋中像雪花一样飘落的有机物碎屑）为食。

5 黑软颌鱼 黑软颌鱼又叫“掉了下巴的红绿灯”。为什么它有这么奇怪的名字呢？原来这种鱼的眼睛附近长着发光器，能发出红光和绿光，看着就像交通信号灯。大部分猎物的眼睛无法感知红色，因此黑软颌鱼可以在猎物毫无防备时，发动攻击。

6 警报水母 它们会发出深红光的光芒，但是捕食者往往视而不见，这是为什么呢？因为大多数深海生物都看不到红光。但是，遭到攻击时，警报水母身上会闪烁出亮蓝色的光圈，这能引起更大的捕食者的注意，从而使攻击者放弃捕食，逃之夭夭。

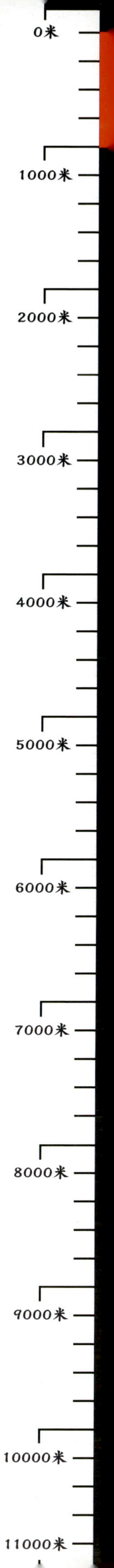

自然条件

午夜层的平均温度约为 4℃。在这一层，洋流速度极其缓慢，有时甚至没有洋流。基本上，海水处于停滞的状态，并且几乎不含氧气。这里水压极大，在 1000 米的深度，水压是海洋表面的 100 倍，而到了 4000 米的深度，水压是海洋表面的 400 倍！

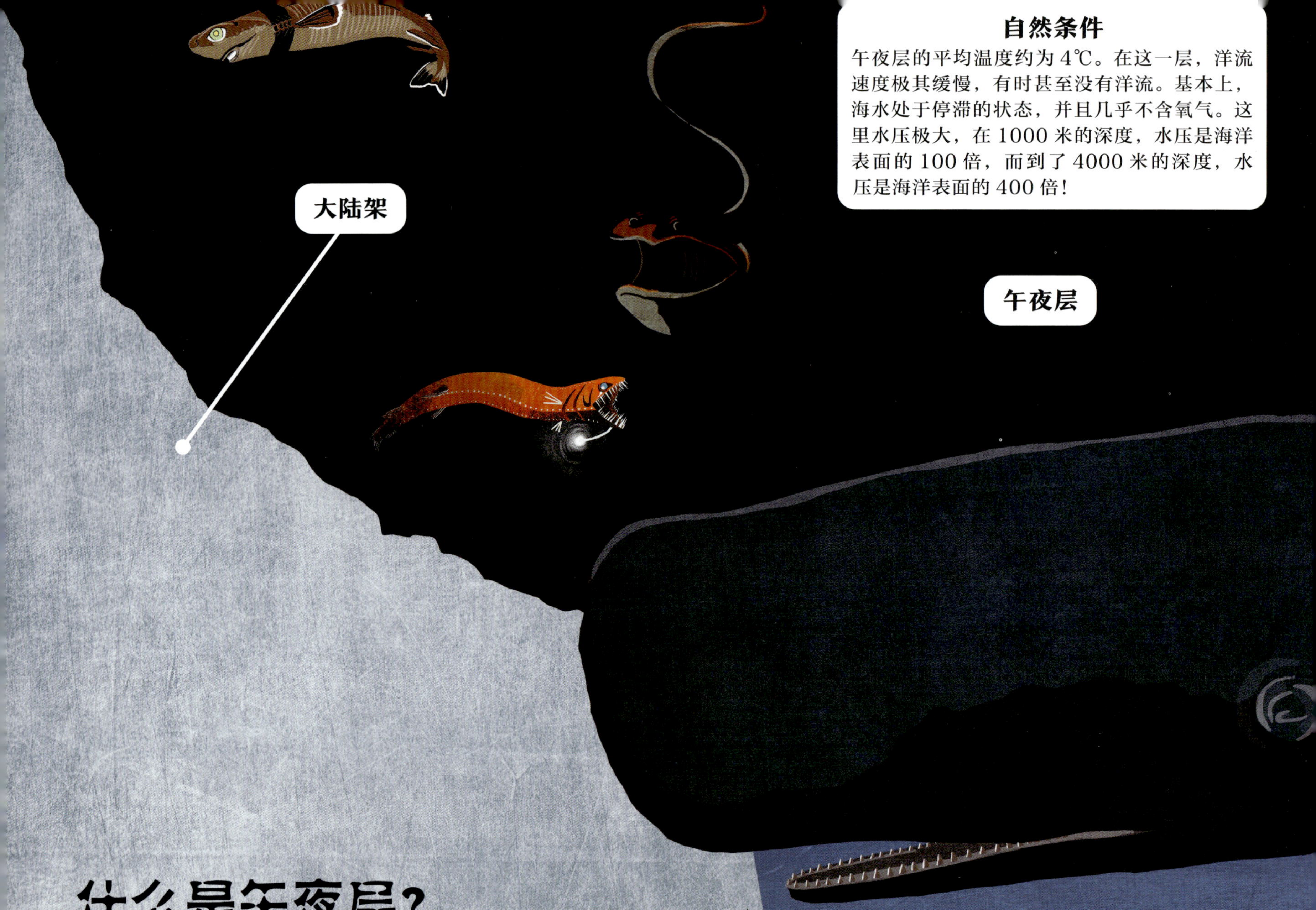

什么是午夜层？

海洋的午夜层（也称为次海渊），是指 1000～4000 米深度的海洋区域。没有一丝阳光能到达午夜层，这里仅有的一点微光来自发光生物。午夜层的海床由大陆架和海底山组成。大陆架是大陆向海洋自然延伸的一片海底地区，地势平缓，坡度较小；而海底山是从海底深渊中升起的规模巨大、狭长绵延的高地。

生物泵

我们都知道，海洋能吸收大气中的二氧化碳，这是通过一种称为生物泵的过程完成的——海洋表层的浮游植物在进行光合作用时，会吸收大气中的二氧化碳，使之变成有机碳。而浮游植物被动物食用后，固化的碳就进入了动物体内。当这些动物排泄废物或死亡时，碳会随之沉入海洋（这就是我们所说的海洋雪）。海水中有一种洋流叫上升流，能将下层的低温海水带到上层，这一过程中，一部分的海洋雪会被短暂地卷到上层。但是，所有的海洋雪终将沉落海底。这就是海洋降低大气二氧化碳含量的全过程。

节省能量

在午夜层这片广袤的黑暗区域，食物极度稀缺，并且难以发现。因此，为了节省能量，生物的新陈代谢必须非常缓慢。对于被捕食的动物来说，速度并不重要，因为在漆黑的水域，即便移动缓慢，捕食者也根本看不见它们。这些生物的肌肉往往不发达，移动缓慢，很多物种都具有一些共同特征，比如皮肤柔软、身体透明、眼睛较小、表皮黏滑。

生命

尽管午夜层的空间比上面两层大得多，但在这儿生活的生物却少了许多。在午夜层，我们能发现一些经过特殊进化的鱼类，比如鲨鱼、鳗鱼、鱿鱼、章鱼、甲壳动物、海绵、水母、海蠕虫、海胆和海星。有些鲸，例如柯氏喙鲸和抹香鲸，能承受巨大的水压，经常下潜到午夜层捕食。

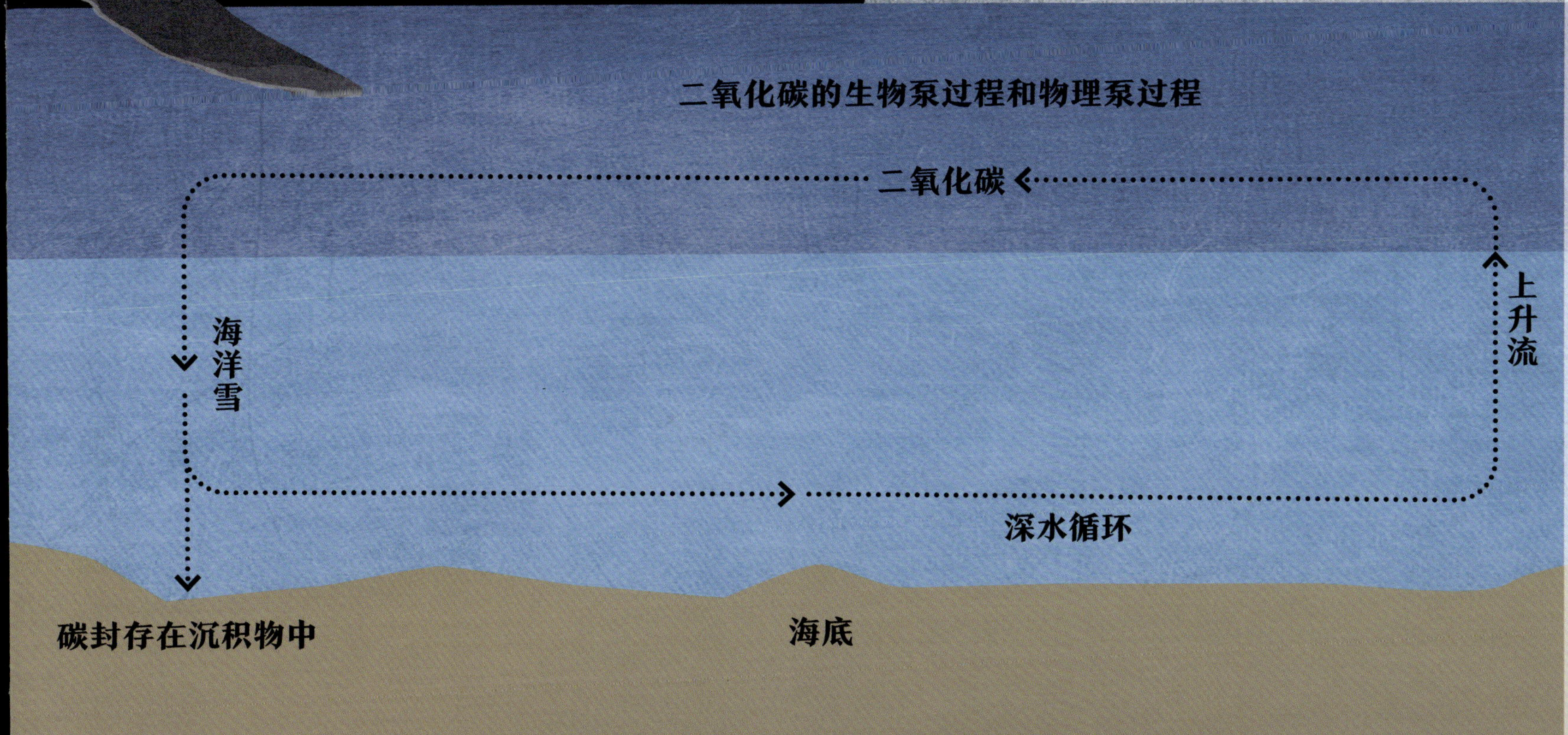

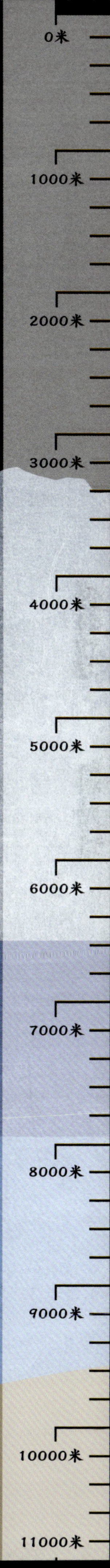

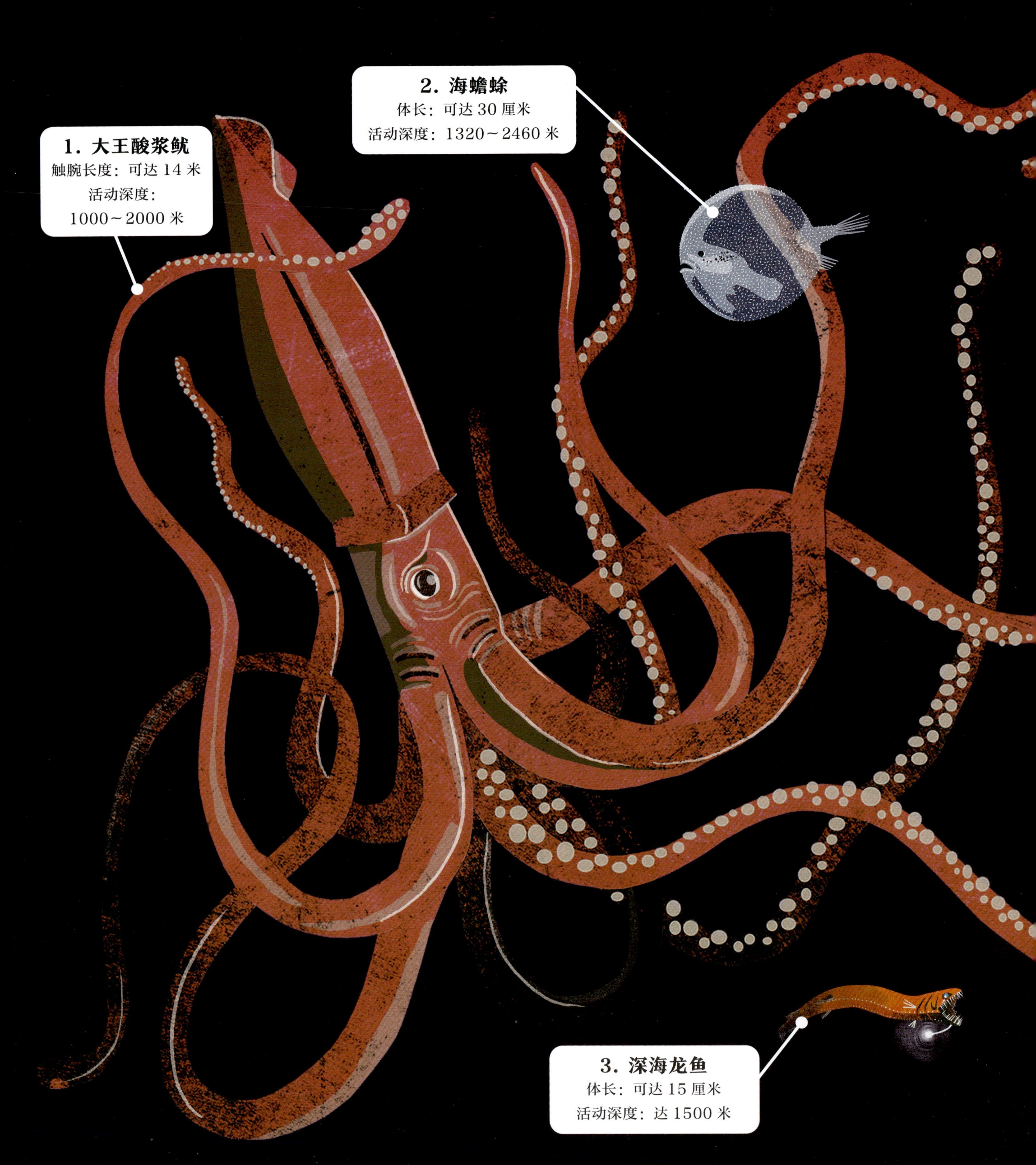
1. 大王酸浆鱿
触腕长度：可达 14 米
活动深度：
1000～2000 米
2. 海蟾蜍
体长：可达 30 厘米
活动深度：1320～2460 米
3. 深海龙鱼
体长：可达 15 厘米
活动深度：达 1500 米

午夜层的捕食者

午夜层的猎物稀少，因此，捕食者经过不断进化，早已适应了在这种特殊的环境下生存。比如，它们长着又长又尖的獠牙，猎物一旦被咬住，根本无法逃脱。在极其安静的午夜层，许多捕食者经过进化，具有高度发达的听力。例如，有一种蛇齿鱼能通过脸来“听”声音。

---

1 大王酸浆鱿　大王酸浆鱿经过进化，已经完美地适应了在黑暗的深海中捕食。它们拥有动物界中最大的眼睛和整个鱿鱼家族中最大的嘴。大王酸浆鱿的触腕末端有 25 个旋转钩，可以紧紧抓住猎物。

2 海蟾鲦　海蟾鲦几乎从不移动位置，只是通过张张嘴吸水和动动鳃排水完成呼吸过程。这种生活方式能节省能量。海蟾鲦待在海底，纹丝不动，等待猎物靠近后才发动攻击。它们不需要频繁进食，对食物也不挑剔。

3 深海龙鱼　这种鱼的眼睛下方长着一对发光器，能释放蓝光和红光。龙鱼闪烁红光时，猎物看不到它，不知不觉间就变成了龙鱼的美餐。龙鱼的下颌很大，能吃下超过自己身体长度一半的猎物。

4 雪茄达摩鲨　这种鲨鱼体形不大，会以生物发光引诱食肉动物靠近。雪茄达摩鲨的唇很厚，吸吮能力特别强，吸附在猎物的身上后，它们会用锋利的牙齿撕下一块肉，在猎物的身上留下一个深深的肉洞。

5 皱鳃鲨　这种鲨鱼在海床上方捕食，它们会像蛇一样向猎物发动猛扑。鱿鱼是它们最喜爱的食物，皱鳃鲨长有几排细细尖尖的小齿，非常适合钩住鱿鱼软软的身体。皱鳃鲨的下颌很长，并且开合角度大，能将猎物整个吞下。

6 宽咽鱼　宽咽鱼也叫鹈鹕鳗鱼。宽咽鱼的嘴很大，一口吞下的食量非常惊人。它们张开大嘴游向成群的小型甲壳动物，嘴巴就像网一样把猎物兜住，吸入嘴巴的水通过鳃排出来。宽咽鱼的尾巴呈鞭状，不断闪烁粉红色的光芒，吸引猎物。

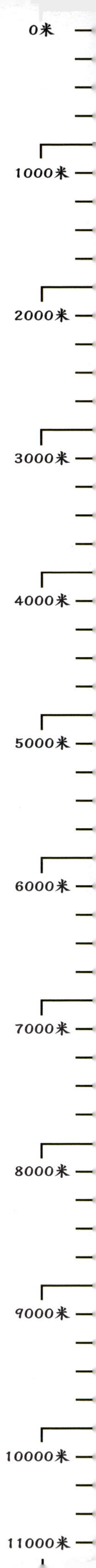

1. 橡子蠕虫
体长：9～45 厘米
活动深度：0～3050 米
2. 乌贼蠕虫
体长：可达 9 厘米
活动深度：
2039～2912 米
3. 无头鸡海怪
体长：11～25 厘米
活动深度：500～5000 米
4. 大王具足虫
体长：19～36 厘米
活动深度：100～2500 米

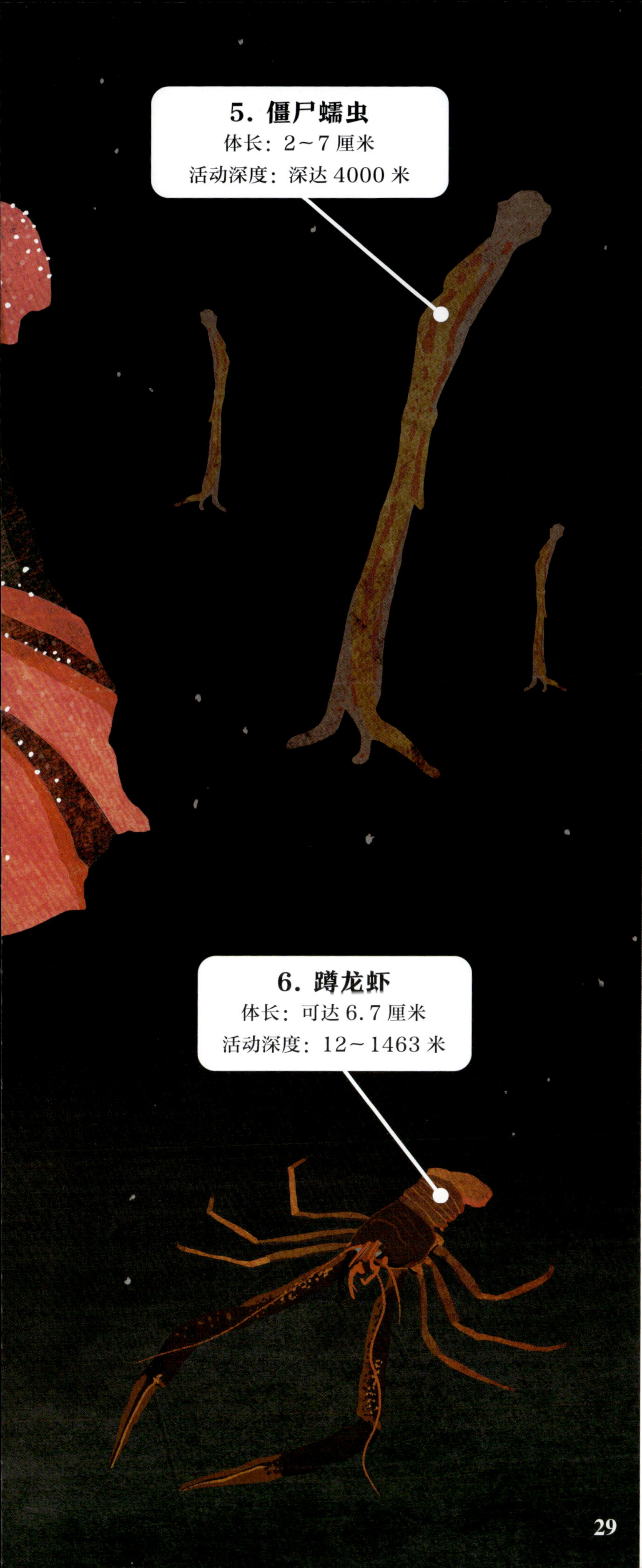

午夜层的食腐动物

午夜层的食腐动物分两种：第一种生活在开阔海域，比如端足目动物，它们以下沉的海洋雪为食；第二种生活在海洋底层，比如像黏液星这样的动物，它们从海底的泥沙中筛取有机物为食。对于午夜层的食腐动物来说，一个重要的食物来源是鲸落——鲸死后沉入海底的尸体。

---

1 橡子蠕虫　橡子蠕虫生活在海底的洞穴中。有些橡子蠕虫吞下沙土，消化其中的有机物质；有些则以悬浮在海水中的有机物颗粒为食。还有一种橡子蠕虫，它们在海床上活动，吃腐殖质，留下一条条排泄物。

2 乌贼蠕虫　这种蠕虫头上长着十只触手，像乌贼的腕足一样，因此它的外观有点像乌贼。十只触手中，有八只用于呼吸，另外两只用于收集食物，它们的食物是从上方沉落的海洋雪。

3 无头鸡海怪　无头鸡海怪其实是一种海参，它们相貌奇特，像一只生活在水底的火鸡一样，不过，没有长鸡脑袋。大部分时间，无头鸡海怪都在水中游弋，只有觅食时，才会在海底停留片刻。无头鸡海怪长着带蹼的鳍。寻找新的觅食地或者躲避天敌的时候，这种动物可以利用鳍行走，行走距离可达到 1000 米。

4 大王具足虫　这种节肢动物看起来像一只巨大无比的木虱。大部分时间，它们在深海的海床上活动，等待上方掉落下来的食物（海洋动物的尸体）。这种动物新陈代谢非常缓慢，几年不进食都能存活。

5 僵尸蠕虫　这种蠕虫会吞噬沉落海底的死鲸骨头。它们没有嘴，也没有胃，无法直接吃骨头。但是，它们的皮肤会分泌出一种酸性酶，能将骨骼溶解为脂肪和蛋白质，而这些养分会被蠕虫体内的共生细菌消化。

6 蹲龙虾　蹲龙虾不像其他寄居蟹那样总是背着一个壳保护自己，因此只能藏在岩缝，躲避捕食者。它们从岩缝中伸出长长的螯，细细地筛沙子，寻找沉淀的有机物，并以此为食。有时，它们还会偷海葵的食物。

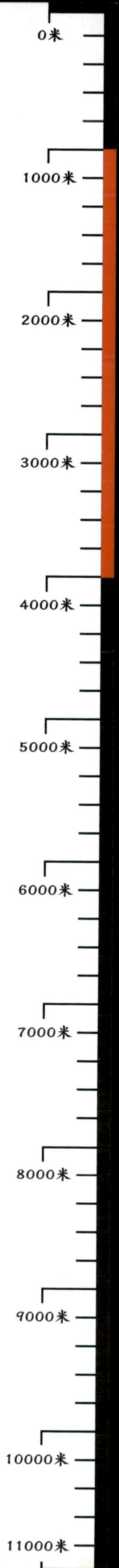

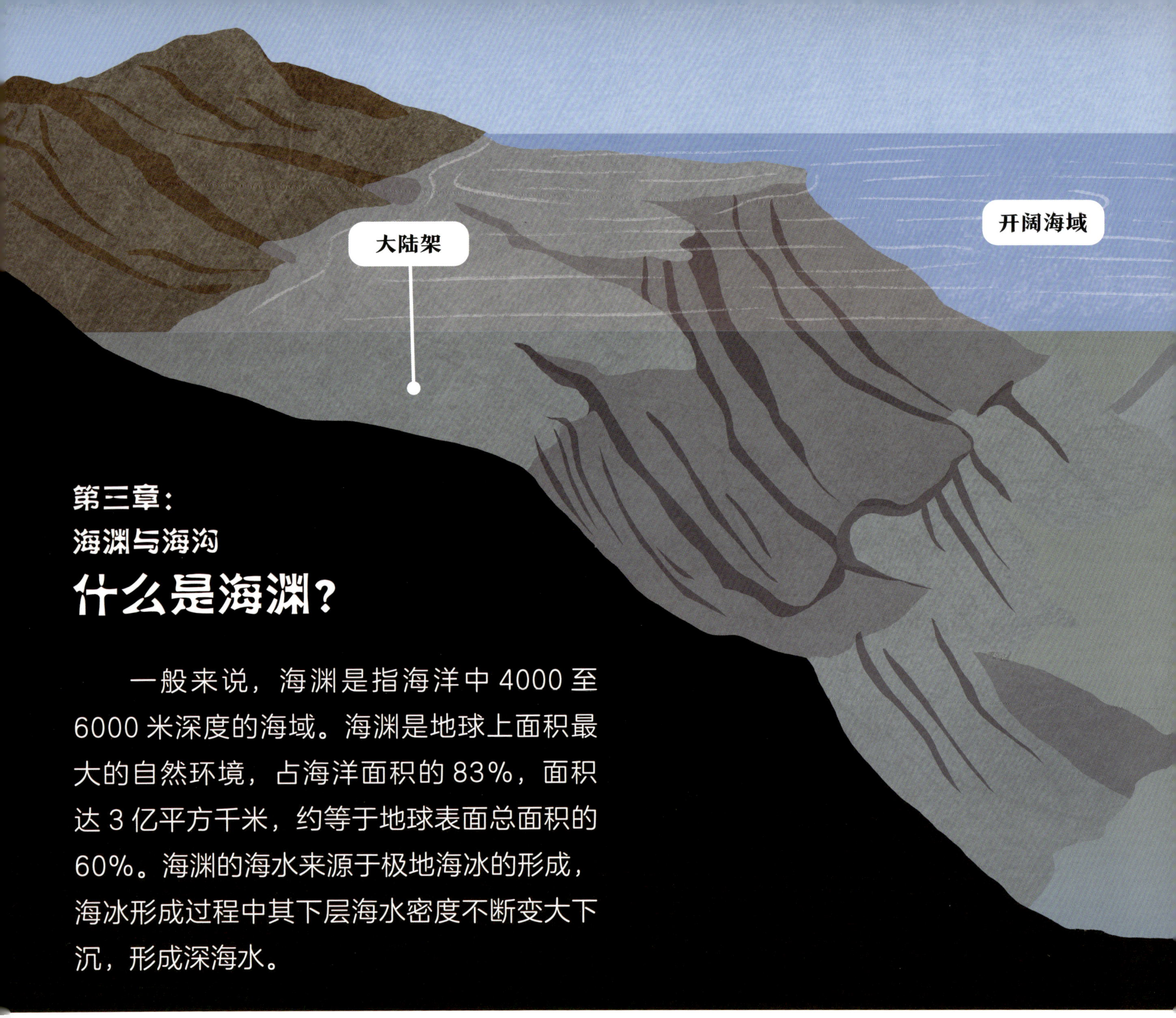

第三章：
海渊与海沟
什么是海渊？

一般来说，海渊是指海洋中 4000 至 6000 米深度的海域。海渊是地球上面积最大的自然环境，占海洋面积的 83%，面积达 3 亿平方千米，约等于地球表面总面积的 60%。海渊的海水来源于极地海冰的形成，海冰形成过程中其下层海水密度不断变大下沉，形成深海水。

生活在海渊的动物

海渊里生活着多种动物，包括甲壳动物、软体动物（例如螺和鱿鱼）和鱼类。这些生物大多生活在海底或海底上方不到 5 米的地方，因为大部分营养物质都汇集于此。为了适应食物稀缺的环境，这些动物的新陈代谢非常缓慢。另外，它们的运动速度也相当缓慢，并且很少繁殖后代，这是它们节省能量的方式。有一些动物固着在海床上生活，由于海底氧气稀缺，这些动物会长出像植物的茎一样的柄，头高高耸立在柄上。海渊中没有鲨鱼或鳐鱼生活，但偶尔会有几只从午夜层下潜到海渊捕食。

甲壳动物

甲壳动物是无脊椎动物的一支，包括螃蟹、大龙虾和小虾。端足类动物是一种常见的深海甲壳动物。

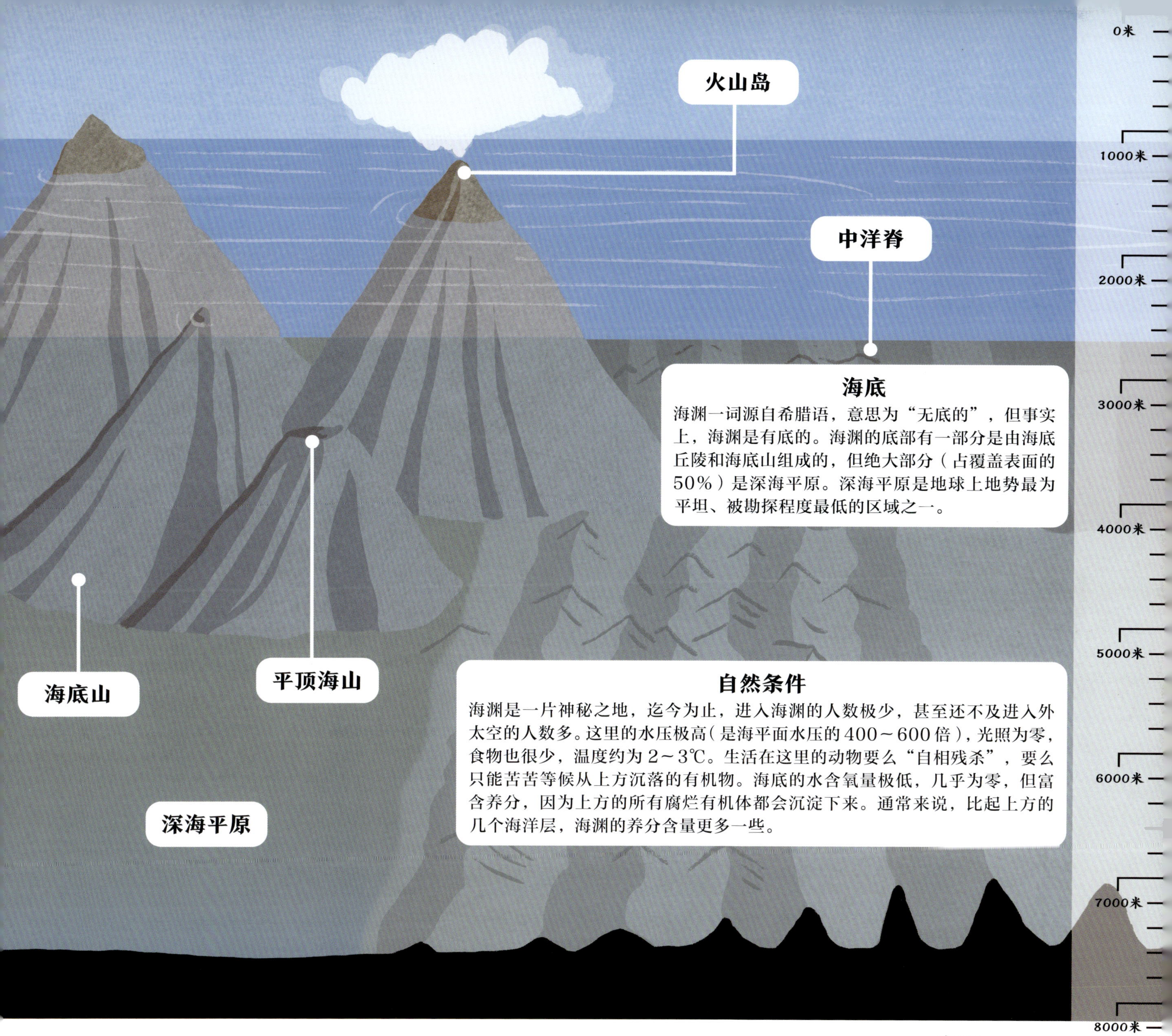

海底

海渊一词源自希腊语，意思为“无底的”，但事实上，海渊是有底的。海渊的底部有一部分是由海底丘陵和海底山组成的，但绝大部分（占覆盖表面的50%）是深海平原。深海平原是地球上地势最为平坦、被勘探程度最低的区域之一。

自然条件

海渊是一片神秘之地，迄今为止，进入海渊的人数极少，甚至还不及进入外太空的人数多。这里的水压极高（是海平面水压的400～600倍），光照为零，食物也很少，温度约为2～3℃。生活在这里的动物要么“自相残杀”，要么只能苦苦等候从上方沉落的有机物。海底的水含氧量极低，几乎为零，但富含养分，因为上方的所有腐烂有机体都会沉淀下来。通常来说，比起上方的几个海洋层，海渊的养分含量更多一些。

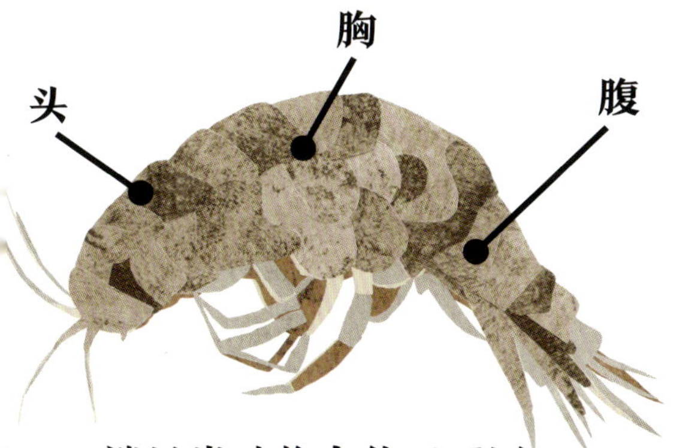

端足类动物身体平面图

软体动物

它们是无脊椎动物的一支，包括乌贼、螺和贝。最常见的深海软体动物是双壳类动物（例如蛤）。这种动物长有绞合齿，将上下两片外壳连接起来。

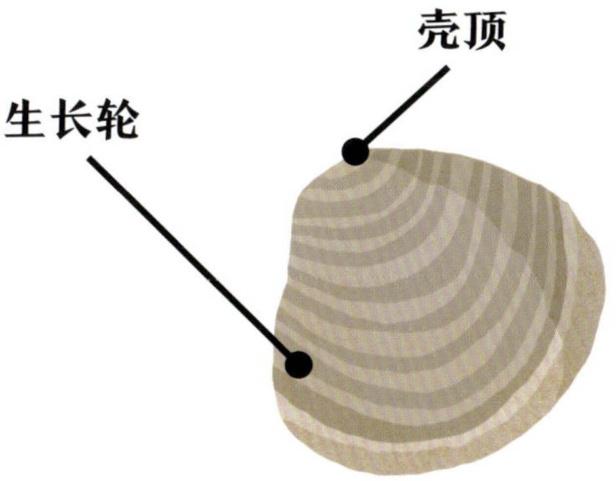

蛤的身体平面图

1. 小飞象章鱼
体长：20～30 厘米
活动深度：2987～3962 米
2. 无脸鱼
体长：可达 38 厘米
活动深度：3935～5100 米
3. 海蜘蛛
体长：1～700 毫米
活动深度：0～7000 米
4. 星虫
体长：2～720 毫米
活动深度：0～6860 米

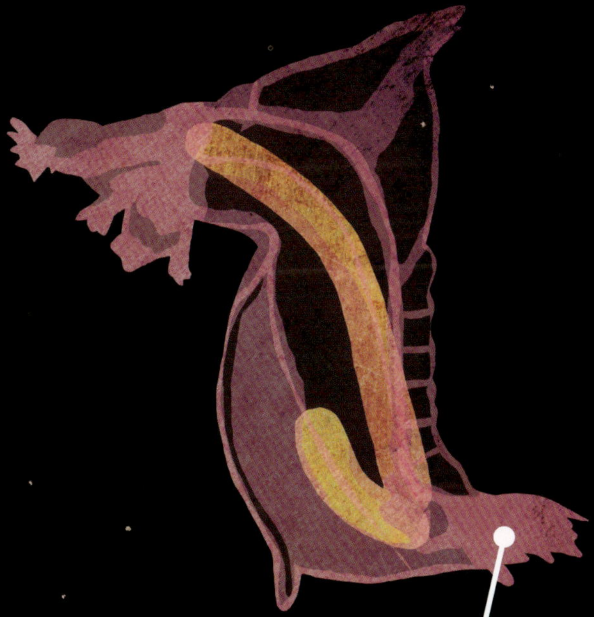

5. 海参
体长：10～30 厘米
活动深度：0～10687 米

6. 三脚架鱼
体长：可达 30 厘米
活动深度：900～4700 米

海渊中的奇妙动物

居住在海渊中的生物经过不可思议的进化，已完全适应在这片区域生存。这些动物往往体形很小，但是胃却很大，并且能大幅扩张。此外，它们还长着一张巨嘴。由于海渊里食物稀缺，只要碰到猎物，它们总是疯狂吞食。科学家认为，海渊中超过 90%的动物使用生物发光来诱捕猎物或寻找配偶。

---

❶ **小飞象章鱼** 小飞象章鱼的腕足之间长着巨大的蹼，张开时，形成独特的伞形。这种章鱼的鳍长得很像大象的耳朵，它们扇动“耳朵”，推动自己缓缓前行，以海床上方的无脊椎动物为食。

❷ **无脸鱼** 这种鱼外形奇怪，嘴巴长在身体下方，眼睛深埋在皮肤之下，乍一看，好像没有面部。无脸鱼的头呈胶状，科学家认为，它们的头上长着感觉器官，用来辨认方向、寻找猎物。

❸ **海蜘蛛** 海蜘蛛生活在南极洲附近的海洋深处，尺寸惊人的大。海蜘蛛没有身体，主要器官都长在了八条腿上。这种动物的口器长长的，像一根管一样，可吸食猎物。它们的呼吸方式很有趣，腿上的洞是它们的呼吸器。

❹ **星虫** 星虫的身体包括两个部分：一个比较粗大的躯干和一个称为翻吻的较窄一些的体前器官。进食时，星虫伸出翻吻，搜集沉积物颗粒，吸入口中。而受到威胁时，它们会缩回翻吻，然后把身体缩成一个小球。

❺ **海参** 海参生活在海底或近海底附近，有时候身体的一部分还会埋在沙子里。它们移动像触手一样的管足，来回走动、觅食。海参的食物包括浮游生物和微小的腐烂有机体颗粒。

❻ **三脚架鱼** 这种鱼长着三个长达 1 米的鳍，看起来像一个三脚架，用来站立在海底。它们用鳍支撑起身体，伺机捕捉附近经过的甲壳动物。前鳍还能用来感知猎物的位置。

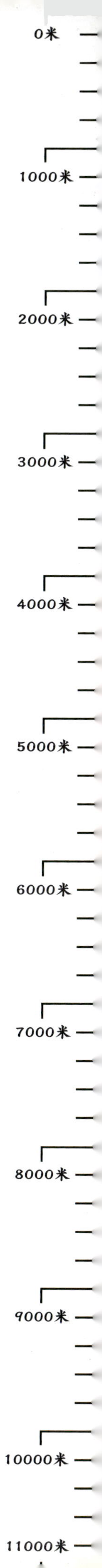

1. 基瓦多毛怪
体长：可达 15 厘米
活动深度：2200 米以下
2. 火神蛸
体长：可达 18.4 厘米
活动深度：2200 米以下
3. 墨西哥暖绵鳚
体长：可达 61 厘米
活动深度：2300 米以下

热液喷口

热液喷口是在海底的裂缝处形成的，位于海平面下 1600 ~ 7700 米的海洋深处。热液喷口不仅喷出温度极高、富含矿物质的海水，还会喷出一些化学物质，而细菌能将化学物质转化为养分，为该区域多种多样的动物提供食物来源。

---

1 **基瓦多毛怪** 这种甲壳动物的螯上覆盖着头发般细细的绒毛，因而也被称为雪人蟹。基瓦多毛怪以其毛螯上寄生的细菌为食。在喷口附近水域，基瓦多毛怪挥动毛螯，通过这个动作促进细菌快速生长，随后，将其螯上的细菌刮下来食用。

2 **火神蛸（shāo）** 火神蛸以生活在热液喷口附近的小型甲壳动物为食。火神蛸已经适应在黑暗的海渊生活，由于视力派不上用场，它们只依靠触觉和嗅觉活动。火神蛸前面的两对腕较长一些，用来在黑乎乎的环境中探路和捕食，而后面的两对腕则用来行走。

3 **墨西哥暖绵鳚（wèi）** 墨西哥暖绵鳚也叫喷口粉鱼，是热液喷口区生态群落中的顶级捕食者。它们以管虫、虾、帽贝和螺为食。帽贝密密麻麻地依附在岩石上生长，被墨西哥暖绵鳚吃掉一些后，其他动物就有了栖息的空间。因此，墨西哥暖绵鳚的存在有利于增加生物多样性。

4 **鳞角腹足蜗牛** 这种蜗牛身上有细菌寄生，这些细菌吸收热液喷口喷出的矿物质，在蜗牛的外壳上形成了一道坚硬无比的硫化铁盔甲，能有效地防范捕食者的攻击。使用铁元素制作防御盔甲，这种方式堪称绝妙，在其他动物中尚未发现。

5 **巨型喷口贻贝** 这种巨型贻贝的鳃中有细菌寄生。细菌能把热液喷口排放的硫化物和甲烷转化为有机碳，而有机碳是贻贝的能量来源和食物来源。

6 **巨型管虫** 巨型管虫的幼虫在海水中自由游动，成年后则依附在岩石上生存。它们既没有嘴，也没有消化道。这种管虫体内有细菌，能将热液喷口排放的化学物质转化为管虫赖以生存的食物。

什么是海沟？

海渊之下还有另一片区域，那是所有海洋栖息地中最深的区域。科学家称其为超深渊带。超深渊带由绵延不断的海沟（V 字形的沟槽）和海槽（海底的凹形地带）组成，位于海底 6000~11000 米的深度。全世界一共有 46 个超深渊生态环境，包括 33 个海沟和 13 个海槽，大多位于太平洋地区。超深渊带的温度范围为 1~4℃。

冷泉喷口

像热液喷口一样，冷泉喷口也是由地壳运动引起的海底裂缝。在不同深度的海洋区域都能发现冷泉喷口，但是超深渊带发现的数量最多。最深的冷泉喷口位于日本海沟，深度为 7326 米。冷泉喷口会喷发出硫化氢、甲烷等化学物质。虽然冷泉喷口不像热液喷口那样温度极高，但这两种喷口都能创造动物生存的环境，并且方式颇为相似：两种喷口都会喷发出多种化学物质，细菌从化学物质中获取能量，并将能量转化为养分，为动物群落提供食物来源。

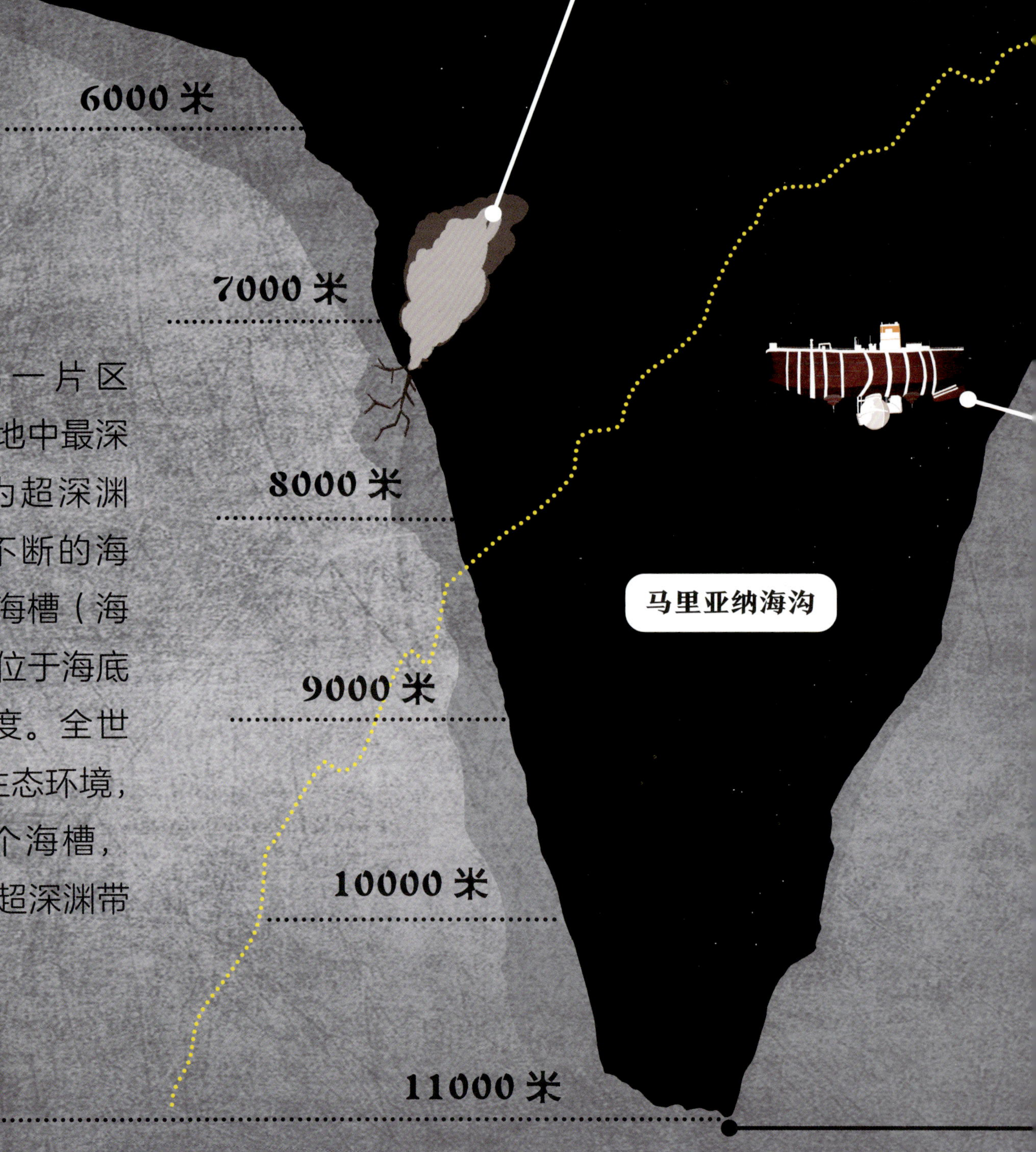

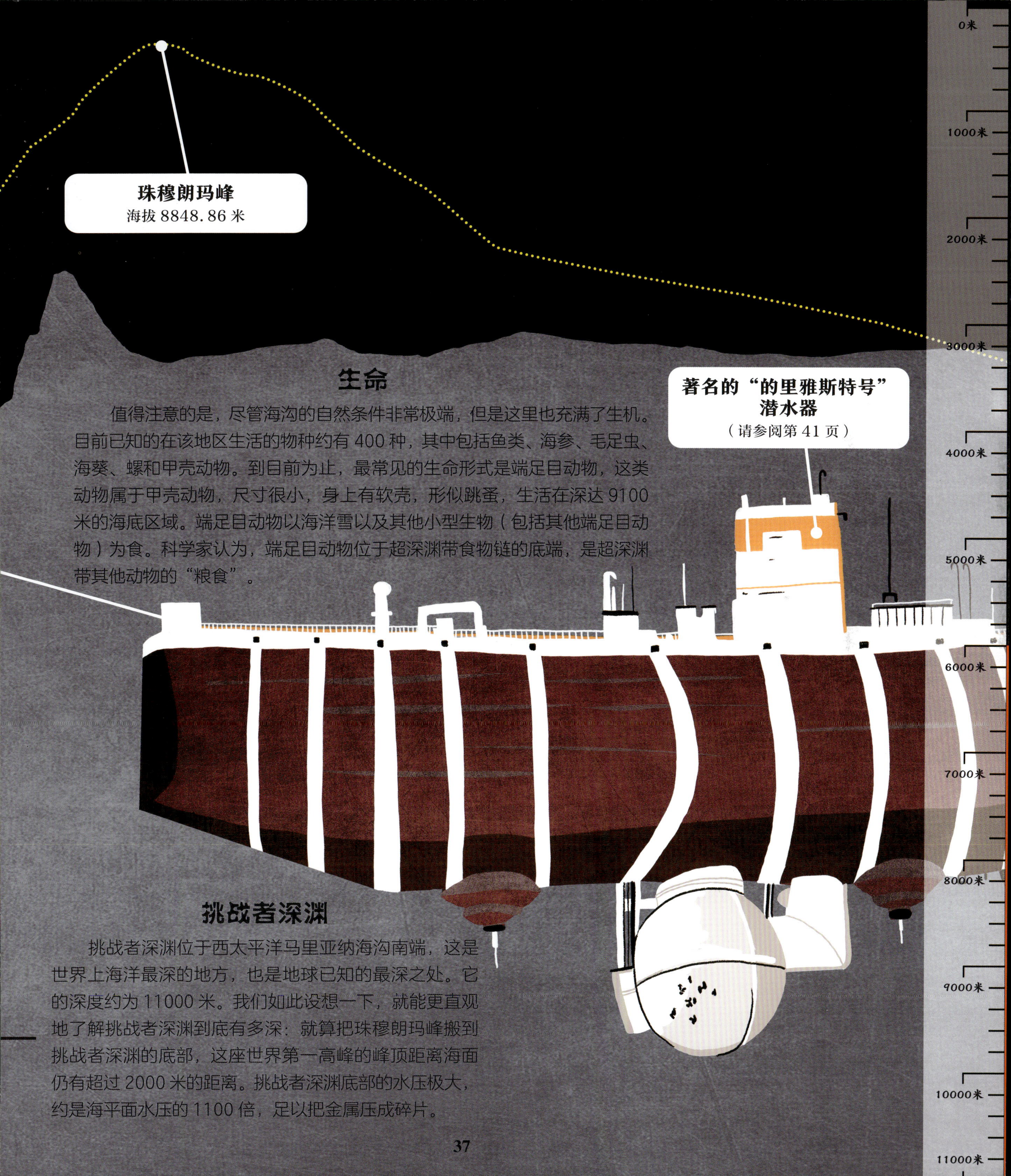

生命

值得注意的是，尽管海沟的自然条件非常极端，但是这里也充满了生机。目前已知的在该地区生活的物种约有 400 种，其中包括鱼类、海参、毛足虫、海葵、螺和甲壳动物。到目前为止，最常见的生命形式是端足目动物，这类动物属于甲壳动物，尺寸很小，身上有软壳，形似跳蚤，生活在深达 9100 米的海底区域。端足目动物以海洋雪以及其他小型生物（包括其他端足目动物）为食。科学家认为，端足目动物位于超深渊带食物链的底端，是超深渊带其他动物的“粮食”。

挑战者深渊

挑战者深渊位于西太平洋马里亚纳海沟南端，这是世界上海洋最深的地方，也是地球已知的最深之处。它的深度约为 11000 米。我们如此设想一下，就能更直观地了解挑战者深渊到底有多深：就算把珠穆朗玛峰搬到挑战者深渊的底部，这座世界第一高峰的峰顶距离海面仍有超过 2000 米的距离。挑战者深渊底部的水压极大，约是海平面水压的 1100 倍，足以把金属压成碎片。

2. 鼬鱼
体长：可达 2 米
活动深度：深达 8370 米
3. 短脚双眼钩虾
体长：1～340 毫米
活动深度：深达 10500 米
1. 马里亚纳狮子鱼
体长：5～77 厘米
活动深度：深达 8178 米
4. 鼠尾鳕
体长：可达 10 厘米
活动深度：深达 7000 米

5. 深海钩虾
体长：可达 34 厘米
活动深度：深达 8000 米

6. 本特施密德虾
体长：20～30 厘米
活动深度：深达 7703 米

海沟中的生命

生活在超深渊带的动物通常没有眼睛，并且已经进化出感知水中活动的能力。这些动物大多是食腐动物，以海沟底部的有机物为食。其中，鱼类通常身体透明，肉呈胶状，长有软骨，无硬骨，因此，它们能承受巨大的水压。迄今为止发现的生活海域最深（海下 8370 米）的鱼类是鼬鱼。

---

❶ **马里亚纳狮子鱼** 马里亚纳狮子鱼是生活在超深渊带的主要鱼类，它们的身体呈凝胶状，外形像蝌蚪，骨骼多为软骨，皮肤半透明，体内的器官能从外面看出来。为了承受极高的水压，它们的体内会产生特殊的胶脂，防止细胞被水压破坏。

❷ **鼬鱼** 这种鱼体形像鳗鱼，视觉功能已退化，在捕食端足目动物和浮游生物时，它们利用头上的感觉孔检测周围的振动。它们的皮肤下有一层类似果冻的组织，此外，它们的骨骼还有额外的骨质加固，因此可以承受海底巨大的水压。

❸ **短脚双眼钩虾** 这种端足目动物以木屑为食。陆地上的树木被卷入海洋，沉到海底，短脚双眼钩虾就有了食物。虽然在海底等待树木“从天而降”可能需要很长一段时间，但这种虾饱餐一顿后可以长时间不进食。

❹ **鼠尾鳕** 超深渊带的鼠尾鳕已经进化出一种称为侧线的感觉器官，能感知周围水中的活动。它们是底栖性食肉鱼类，通常在冷泉喷口附近活动。

❺ **深海钩虾** 深海钩虾的外形看上去很恐怖，比常见的端足目动物大 20 倍以上，只生活在极深的深海平原和海沟里。

❻ **本特施密德虾** 这种甲壳动物属于十足类动物，是虾和蟹的“亲戚”，直到 2009 年才被发现生活在克马德克海沟和马里亚纳海沟中，而在此之前，科学家们一直认为十足动物无法在超深渊带中生存。这种动物以小型端足目动物为食。

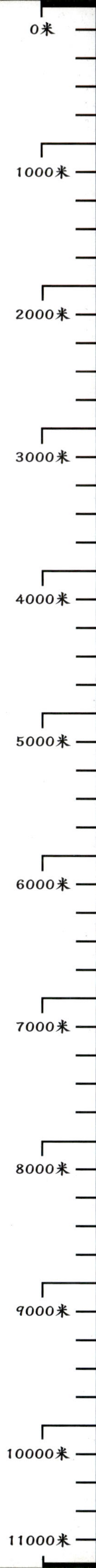

第四章：人类与海洋

深海探索的现状

在人类历史长河中的很长一段时间，深海一直是一片神秘的领域。直至 20 世纪，人类才开始开发各种潜水技术，探索惊涛骇浪之下的陌生世界——深海。人类最早使用“水肺”这种设备进行潜水，但是潜水深度的极限是 300 米，刚刚到达暮光层的上层。为了更系统地探索深海，人们开始使用一种称为“潜水器”的水下航行器。

载人潜水器

从 20 世纪 30 年代开始，人类开始使用潜水器探索深海。当时，人们从船上放下一种称为“深海潜水球”的球形潜水装置，但这种装置不能移动，也无法用于收集样本。后来，人类又开发了具有一定操纵能力的探海潜艇（也叫“深海探测船”）。其中最著名的是“的里雅斯特号”潜水器。1960 年，它成功地运载两名科学家进入地球最深处的挑战者深渊。四年后，深海研究潜水器“阿尔文号”问世。“阿尔文号”潜水器可以运载三个人，目前已完成多达 5000 多次深海潜水，完成了深海景观和生命形式研究任务。

遥控无人潜水器

遥控无人潜水器的问世使深海探索迈上了一个新的台阶。有了这种设备，科学家得以探索人类无法亲自抵达的海洋深处。驾驶员在船上操纵潜水器，随后，潜水器将数据和实时视频发回。遥控无人潜水器上有一根操纵臂，用来收集岩石样本、沉积物样本或海洋生物样本。

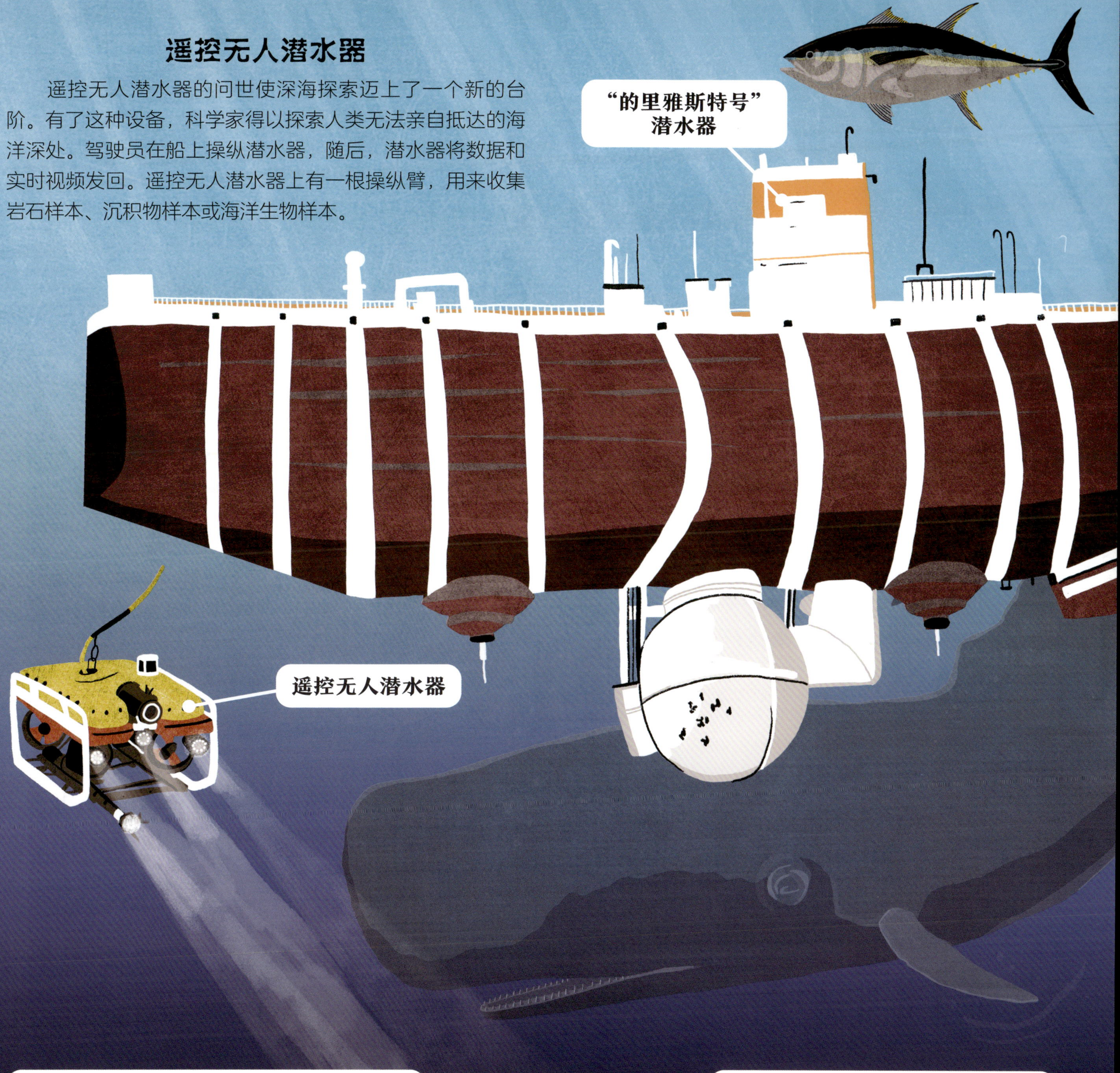

智能水下航行器和混合型水下自航行器

智能水下航行器没有配置电缆，仅能用来勘测特定区域。这种设备使用声呐技术生成海底图，用于分析深海的情况。而混合型水下自航行器同时吸收了遥控无人潜水器和智能水下航行器的优点，既可以由远程驾驶员操纵，又可以完成智能的探测任务。

深海探索，我们才刚刚起步

尽管人类在不断开发新的潜水技术，但对于深海这片神秘区域，我们仍然知之甚少。每年都有新的深海物种不断被发现，我们很难想象，在接下来的几十年，深海探索将会有什么惊人的发现。

气候变化

自工业革命以来，大气中二氧化碳的含量增加了35%以上，主要原因在于燃烧化石燃料。过多的二氧化碳会把太阳的热量“截留”在大气层中，导致全球平均温度升高，造成气候系统发生改变。这就是我们经常说的气候变化。

北冰洋

北冰洋的变暖速度是全球平均变暖速度的两倍，生活在那儿的野生动物受到了严重威胁。例如，北极熊在海冰上觅食，但是，由于北冰洋变暖速度加快，一到早春，海冰就融化，一直到晚秋，才有新的海冰形成。海冰的减少使北极熊捕食的机会也相应减少，许多北极熊和它们的幼崽被活活饿死。

动物迁徙方式改变

每年冬天，黑鳍鲨都会向南迁徙，前往美国佛罗里达州的海岸。在那里，黑鳍鲨吃掉那些体弱多病的鱼类，有效地防止鱼类疾病在珊瑚礁和海草床的生态系统中传播。但是，随着海洋温度的不断升高，一些黑鳍鲨会滞留在较凉的北部水域中，不再向南迁徙，因此它们维持生态系统的重要作用也就不复存在了。同样，迁徙方式的改变在许多物种中都有发现，比如露脊鲸、鲑鱼、鲭鱼、大西洋鳕鱼等。总体而言，海洋生物正在向偏冷的极地转移。这一趋势破坏了错综复杂的食物网络和海洋生物的格局。

藻华

气温升高还导致了藻华（海洋浮游植物爆发性的繁殖与扩散）的出现。藻华会降低部分海洋区域的氧气含量，造成动物死亡，于是在海洋表层形成一片无生命迹象的“海洋沙漠”。藻华还会破坏各种栖息地，包括珊瑚礁、海草床、海藻森林，严重影响生活在其中的动物。

酸化

海洋能大幅减少气候变化带来的负面影响。在过去的 200 年中，海洋吸收了 1/3 的二氧化碳和 90%的因人类活动产生的额外热量。同时，海洋本身也在遭受气候变化带来的影响。在过去的两个世纪，由于海洋持续吸收二氧化碳，海水酸度增加了 30%。海水酸化，再加上海水变暖，会破坏珊瑚礁与共生藻的共生关系，造成珊瑚白化。珊瑚白化会对生活在珊瑚礁中的物种造成毁灭性伤害。

海平面上升

气候变化的主要影响之一是海平面上升。自1880年以来，海平面平均上升了约23厘米。每年，海平面上升3.2毫米，并且上升速度还在增加。一些科学家估计，在未来的90年中，海平面可能会上升1米。这将对近海栖息地和沿海栖息地，以及生活在那里的人和动物造成重大威胁。

原因

造成海平面上升的主要原因有三个。首先，全球变暖，海水热膨胀，导致海平面上升。其次，全球变暖，导致覆盖在格陵兰岛和南极洲上的冰盖快速融化，大量的冰融水流入海洋。最后，在夏季，高山冰川（高密度冰体）融化速度比平时更快了一些，大量的冰融水流入河流和小溪，最后汇入海洋。

近海栖息地

在本书中我们介绍了许多生态环境，例如珊瑚礁、海草床和海藻床，这些生态环境都依赖于稳定的海平面。如果海平面上升，浅海变深海，海草、巨藻和珊瑚上藻类接收的阳光照射将锐减，但是，这些生物需要阳光才能完成光合作用，所以光照的减少会严重影响它们的生长。此外，海平面上升还会加剧海岸侵蚀，大量沉积物被冲入海中，从而减少穿透海水的阳光。

海滩栖息地

海龟在沙滩上筑巢。许多种海龟在成年后会返回沙滩产卵，孵化下一代。但海平面上升可能会侵蚀海滩，淹没海龟的巢。海滩的流失还将影响其他物种的生存，例如滨鸟、沙蟹和滩跳虾。

沿海湿地

海平面上升将淹没红树林和盐沼等沿海湿地。一些科学家预测，到2100年，温带地区潮间带生长的红树林可能会彻底消失。沿海湿地不仅仅是无数动植物的栖息地，还是自然灾害的缓冲带——湿地可以降低洪水和风暴潮的高度与速度，从而减少自然灾害给沿海生态群落带来的伤害。

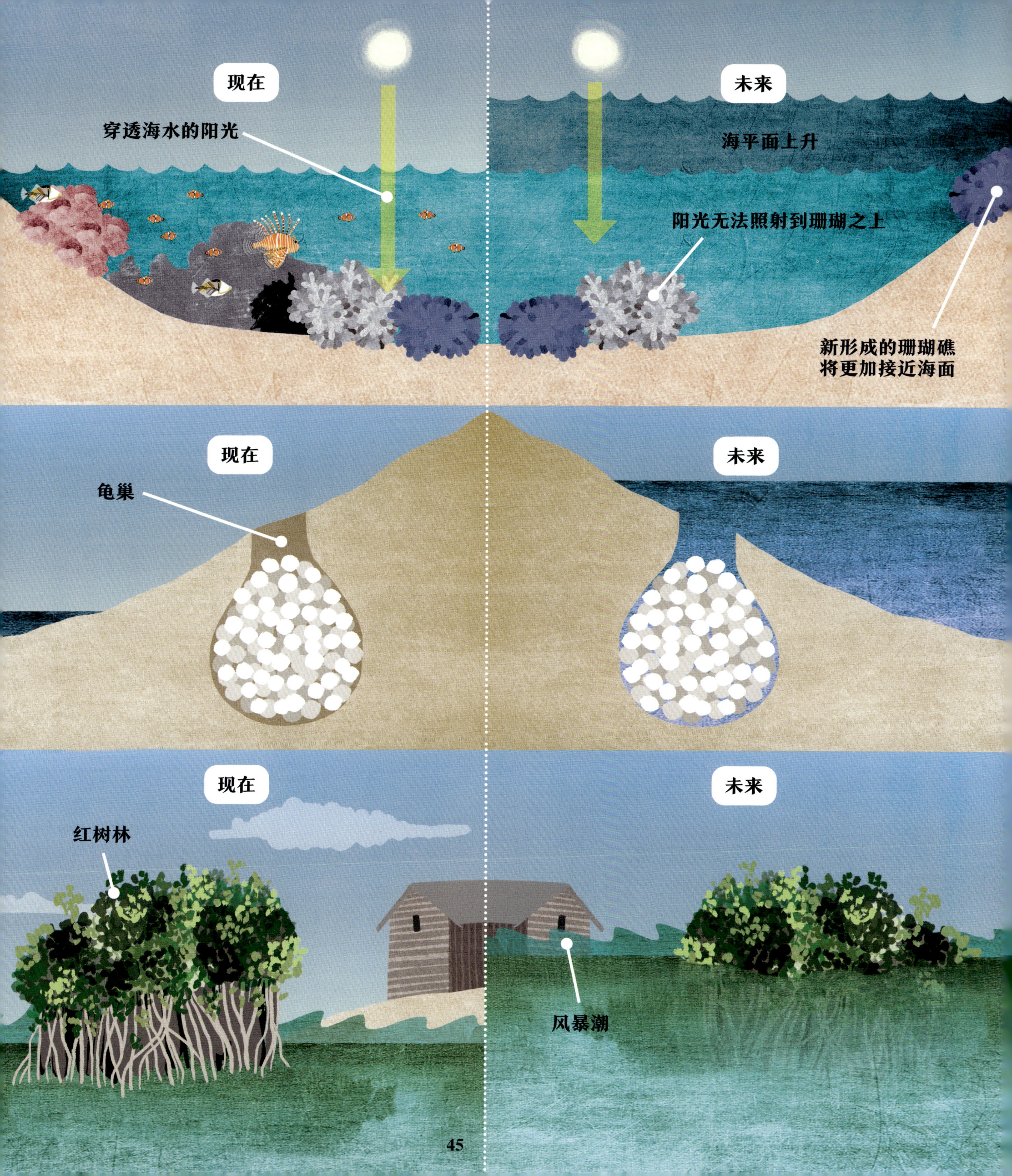
现在
穿透海水的阳光
未来
海平面上升
阳光无法照射到珊瑚之上
新形成的珊瑚礁
将更加接近海面
现在
龟巢
未来
现在
红树林
未来
风暴潮

污染物

人类活动会产生大量垃圾，其中大部分被直接或间接排入海洋。甚至，在远离大海的内陆，人类活动产生的垃圾也经常通过雨水沟、下水道、河流和溪流最终流入大海。污染物包括日常生活垃圾、污水、工业废物和泄漏的石油。

化学污染物

农场和工厂产生的化学废物从地上流入排水沟，最终流入海洋。许多化学物质，特别是农业肥料中的氮和磷，会加速藻华的生长。藻华会产生毒素，阻挡阳光，堵塞鱼鳃，形成一片片海洋“死亡地带”——上面没有任何生命存活。

塑料垃圾

倾倒入海洋中的垃圾中，80% 来自陆地，其中大部分是塑料垃圾，包括购物袋、水瓶、酸奶罐、吸管等。据估计，每年有 115 万吨 ～241 万吨塑料被倾倒至海洋。这是一个令人触目惊心的数字。塑料垃圾对海洋的伤害极大，因为塑料可能需要一千年的时间才能被生物降解。此外，塑料对海洋生物也构成了严重威胁。比如，动物可能会被塑料缠住，无法动弹，如果误食塑料，还会导致死亡。一些小型生物（像浮游生物）以塑料碎片的颗粒（称为微塑料）为食，塑料中的有害化学物质被吸收后，进入了它们的身体。当它们被较大的动物吃掉时，化学物质又进入了较大的动物的身体，于是，有害的化学物质在食物链中一级一级往上爬，贯穿了整个海洋食物链。

石油泄漏

1989 年，“埃克森·瓦尔迪兹号”油轮发生石油泄漏，2010 年，英国石油公司的“深海地平线”钻井平台发生漏油事故，此外，一些规模较小的石油泄漏事故也经常发生。这些问题已经导致数百万升的石油散布到海洋中，对沿海生物和海洋生物造成了毁灭性的影响。虽然在石油泄漏事故后，人们积极展开清理工作，但只有少量的漏油能得以清除。而且实际上，人们用来清除海面漏油的化学制品本身也可能有毒。

太平洋大垃圾带

塑料垃圾顺着洋流做“环球旅行”，最终聚集在一起，形成了五大垃圾聚集带。其中最大的是位于日本和美国加利福尼亚之间的太平洋大垃圾带。太平洋大垃圾带实际上由两个垃圾带组成，一个在西部，一个在东部。这个垃圾带的总面积估计为 160 万平方千米。

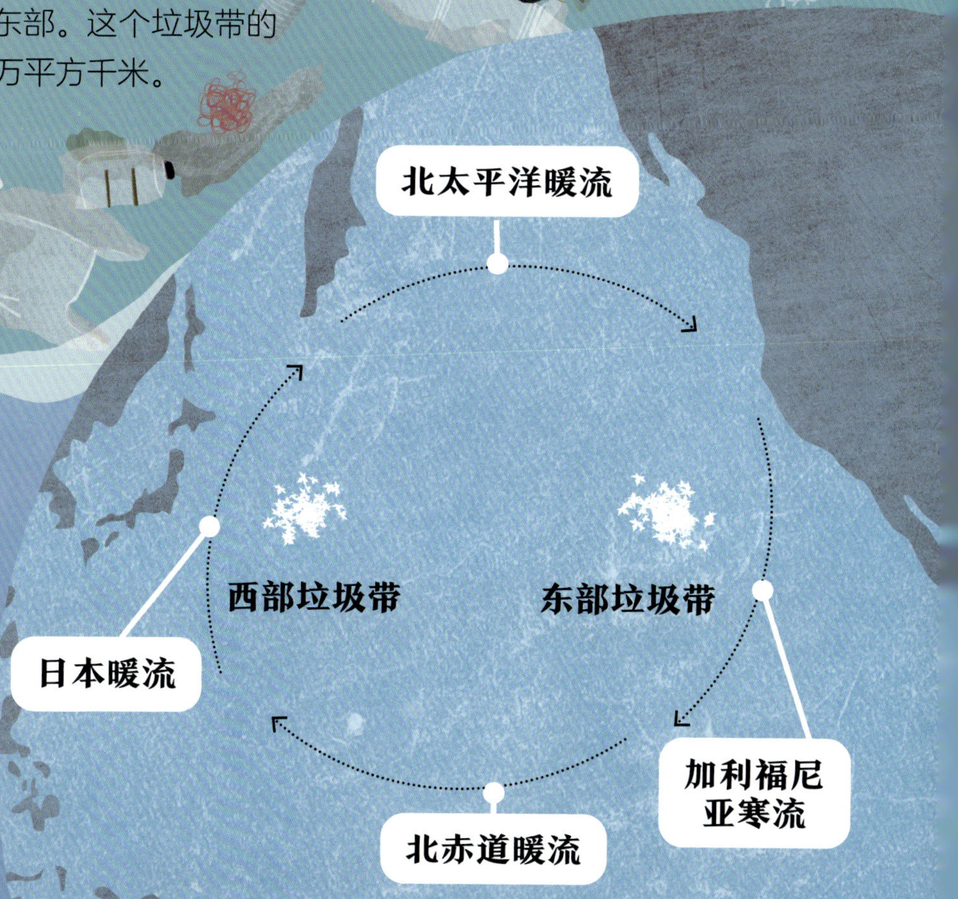

保护海洋，我们能做些什么？

在日常生活中，我们也可以行动起来，保护我们的海洋。请使用节能灯，节省能源，减少二氧化碳的排放；在交通方式的选择上，请尽量骑自行车、步行，或者乘坐公共交通工具，尽量少开汽车；电器不用时，请关闭电源；天冷就多穿一些，不要一直调高暖气或空调的温度。

使用节能灯泡

尽量步行、骑自行车或使用公共交通工具。

使用电器后请关闭电源

天冷时穿厚外套，少开暖气

少使用塑料制品

为了防止越来越多的塑料垃圾倾倒在海洋中，请避免使用一次性塑料制品，例如吸管和咖啡杯。请随身携带可重复使用的水瓶；购物时，请使用布袋子装东西；存放食物时，请使用可重复使用的容器。

保护海滩

在海滩上游玩时，请做好清理工作，确保产生的垃圾不进入大海。请随时携带一个垃圾袋，以便存放垃圾。当然，你还可以做更多，比如，自愿去当地海滩做清洁工作。

购买商品时务必谨慎

由于海洋栖息地的丧失和过度捕捞，世界各地的鱼类种群正在减少。你可以为改变这种现状出一份力，避免购买由海洋野生动植物制作而成的商品，例如用珊瑚或海龟壳制作的珠宝，或含有鲨鱼制品的化妆品。

许多组织致力于保护海洋栖息地和野生动植物。你也可以加入他们，成为其中的一员，参加海洋保护活动，或者帮助宣传海洋保护事业。你还可以联系当地的有关政府部门，了解他们在保护海洋方面的举措。

探索

你可以亲自探索海洋，记得不要干扰野生动植物，也不要移动岩石或珊瑚。

不断丰富海洋知识

地球上的所有生命形式都与海洋有所关联，因此，我们必须不断学习海洋知识，增加自己对这片神秘而美丽的区域的了解。对海洋的了解越多，我们就越能意识到保护海洋的必要性。所以，如果你发现了一些关于海洋的奇闻趣事，请记得与他人分享，让这些知识也能启发他人！

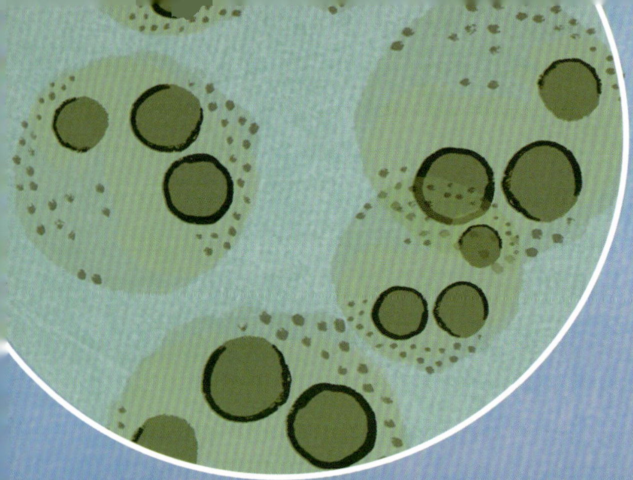

词汇表

沉积物：沉落在水底的物质的总称。

浮游生物：漂浮在海中的小型生物和微小型生物，包括藻类、小型甲壳动物以及大型动物的卵和幼虫。

光合作用：植物利用阳光将二氧化碳和水合成有机物并释放出氧气的过程。

海底山：位于海底的山脉。

海洋雪：从海洋上层持续不断降落到深海底层的物质，大多为有机物质。

化石燃料：煤炭或石油之类的燃料，由古代生物的遗骸历经数百万年变化形成。

回声定位：海豚、鲸等动物通过发出的声波经物体反射回来从而对物体进行定位。

洄游：鱼类有规律的定时、定向移动。

基石物种：基石物种是与其他物种相互影响，并决定其他物种生存的物种。

甲壳动物：甲壳动物的种类很多，大多为水生动物，其中包括螃蟹、虾和藤壶。

平顶海山：海底山脉的一种，山顶平坦。

栖息地：动物的自然居所或环境。

迁徙：动物定期从一个区域移动到另一个区域的行为。

全球变暖：由于二氧化碳、甲烷等气体含量的增加，将热量截留在大气层，导致地球总体温度逐渐升高。

软骨组织：质地坚硬但具有弹性的组织，在许多动物中都有发现。

软体动物：软体动物门中的动物，包括蜗牛、蛞蝓、贻贝、乌贼和章鱼等。

珊瑚虫：水母或小动物（如海葵）的生命周期中的一个阶段，身体呈圆柱形，嘴在顶部，被一圈触手包围。

生态系统：生物群落与自然环境相互作用形成的统一整体。

生物多样性：某一栖息地中动植物的多样性。

生物发光：生物体（如深海鱼类）发光的现象，由生物体内的化学过程产生。

生物降解：（材料）被细菌和其他生物分解。

食腐动物：以动物尸体或死去的植物为食的动物。

无脊椎动物：不长脊椎骨的动物，例如昆虫、鱿鱼和蠕虫。

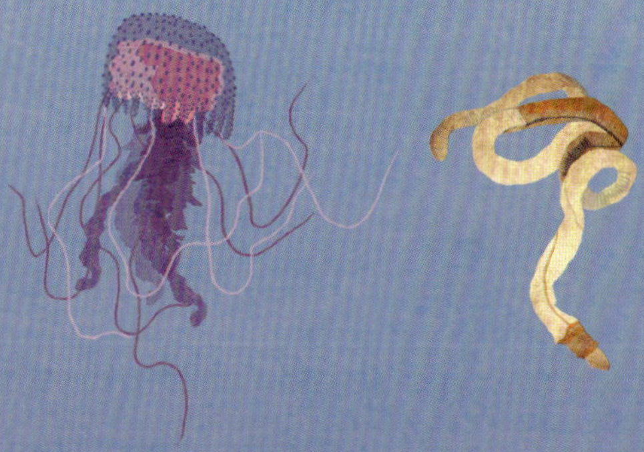

细菌：细菌是一类单细胞微生物，在地球上无处不在，包括动植物的组织中。

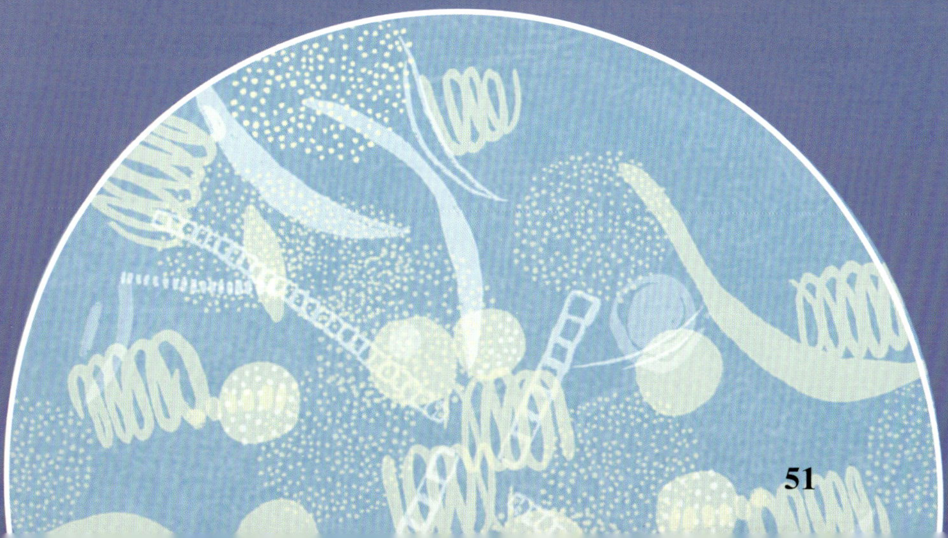

新陈代谢：生物体为维持生命在体内发生的化学反应。

养分：为生物体提供营养的物质。

有机物：来自生物体（活的生物体或死亡的生物体）的物质。

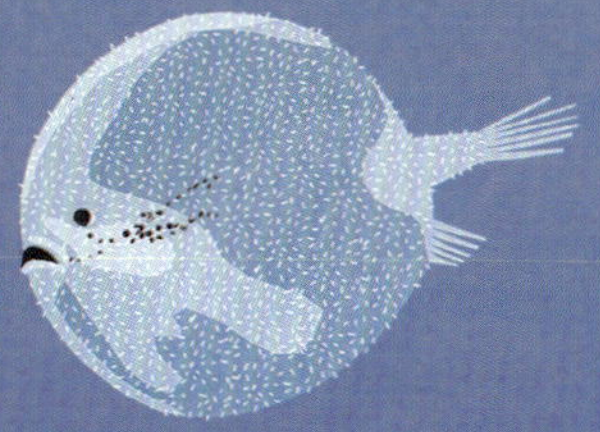

鱼鳔：许多有骨鱼体内的充气囊，用于控制浮力。

著者 亚历克斯·伍尔夫著有 150 多本书，其中大部分是儿童图书。他的作品题材非常广泛，包括罗马史、巧克力、小行星、鲨鱼、都铎王朝、爬行动物、肥皂、蜜蜂和青春痘。他的许多作品已被翻译成 10 多种文字出版。

绘者 伊索贝尔是一位插画家和设计师，在英国布莱顿市工作。她毕业于金斯敦大学插画和动画专业，毕业后专门从事儿童出版业，曾与多家知名出版公司合作，包括萨拉里亚图书公司、尤斯伯恩童书出版社、兰登书屋、DK 公司和好书公司。她善用多种绘画素材，如拼贴纸、铅笔、墨水和数字媒体，喜爱创作孩子们喜闻乐见的古怪角色，以细节丰富著称。

顾问 海伦·兰伯特已获理学学士（荣誉学位）和理学硕士学位，正攻读博士学位。她是全球知名的动物福利科学家和研究者，研究领域为动物情感。海伦曾在慈善机构服务多年，目前她正在经营自己的动物福利咨询公司。